U0197112

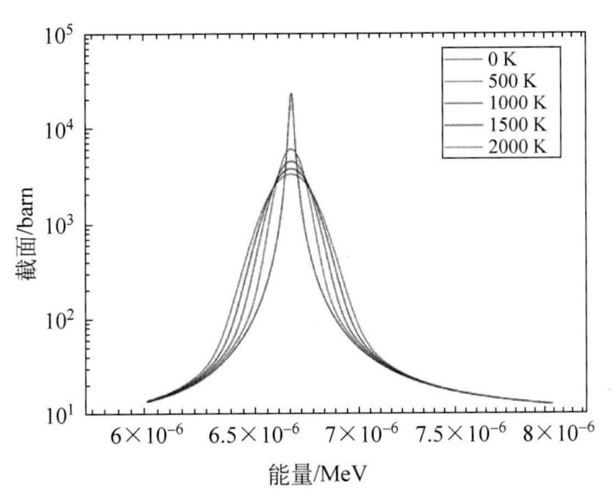

图 2.4　多普勒展宽现象

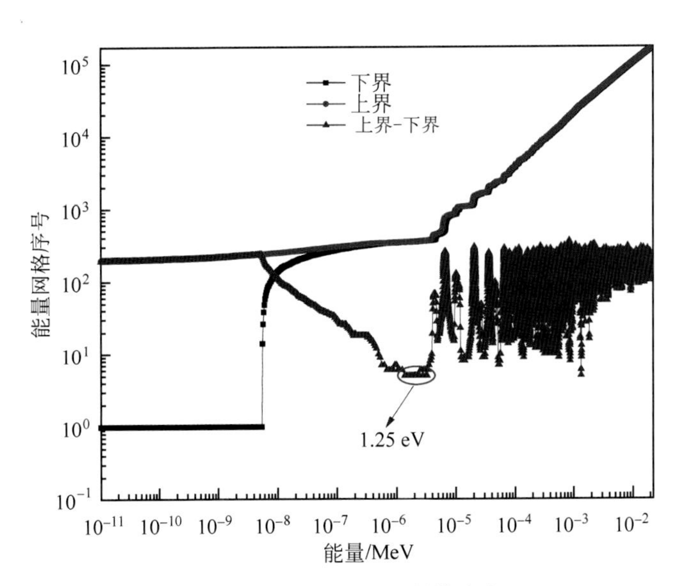

图 2.7　“低能光滑段”的结束点

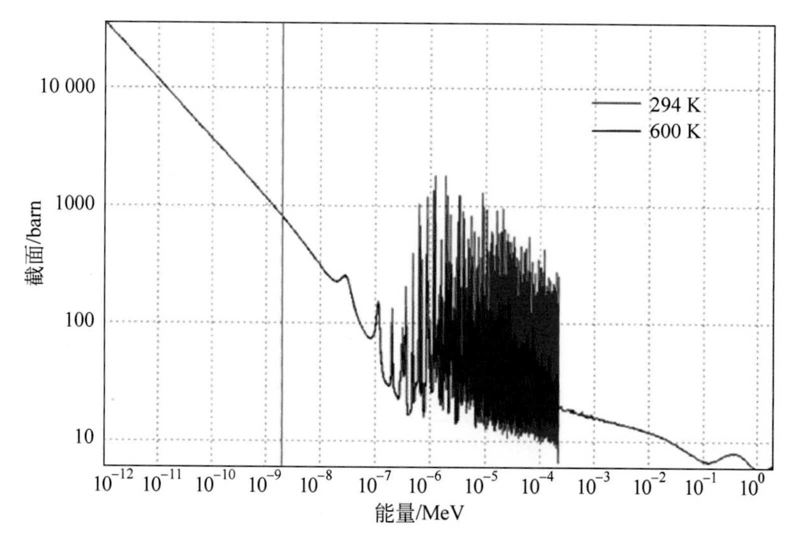

图 2.10 294 K 和 600 K 下 ^{235}U 的总截面

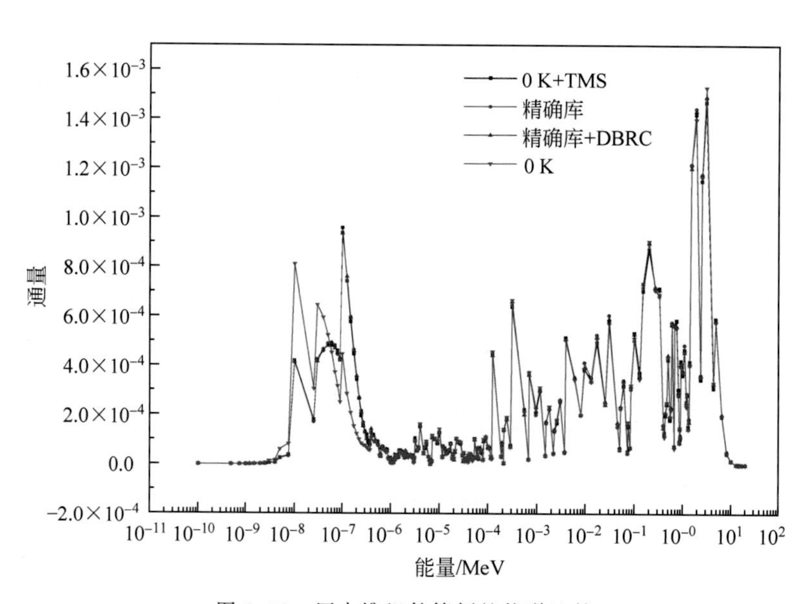

图 2.12 压水堆组件算例的能谱比较

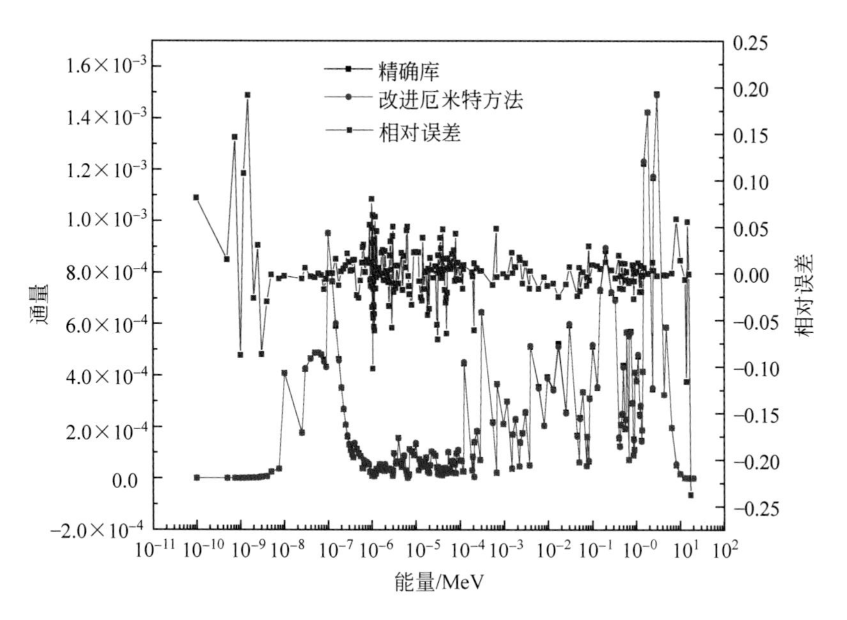

图 2.19　压水堆组件算例的能谱相对误差(改进 Gauss-Hermite 方法)

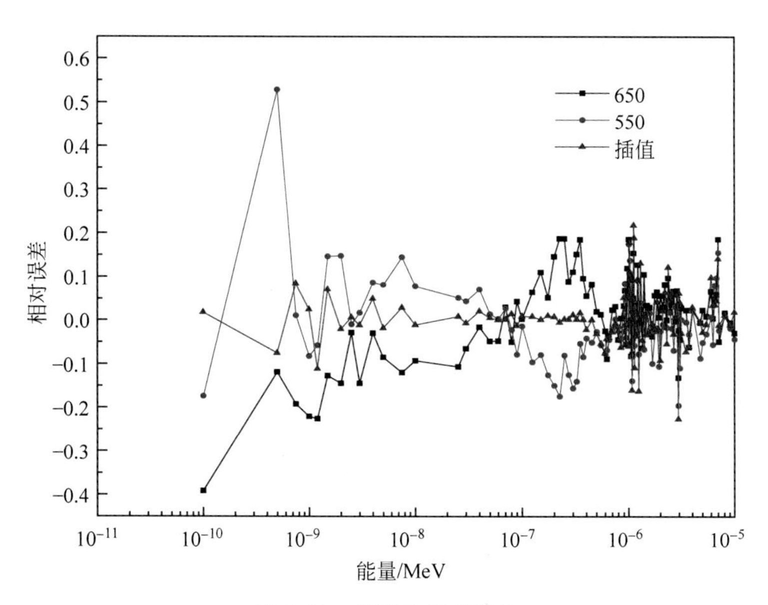

图 2.20　能谱的相对误差

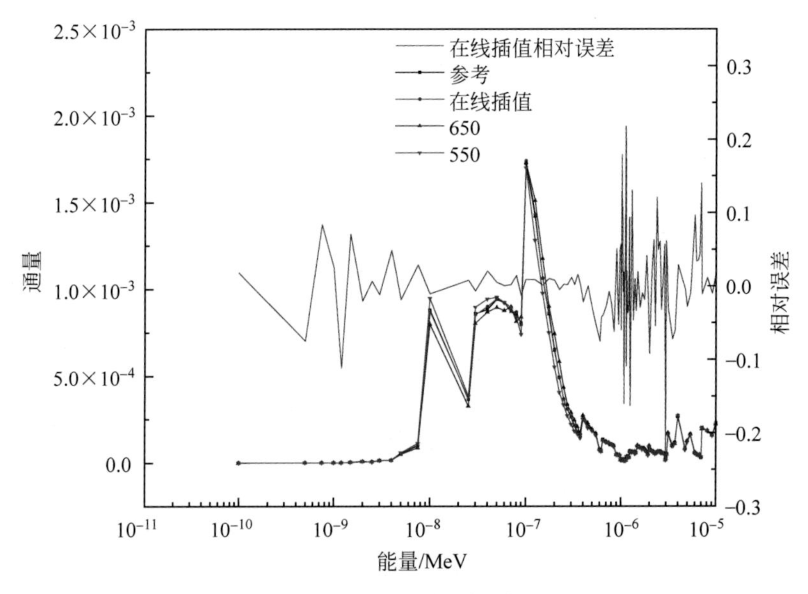

图 2.21　精细能谱比较

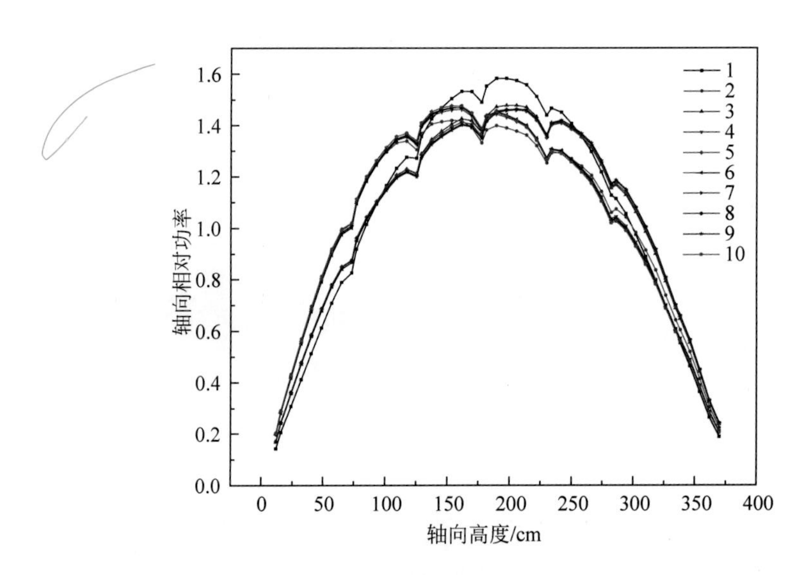

图 2.33　轴向功率迭代变化情况(Picard)

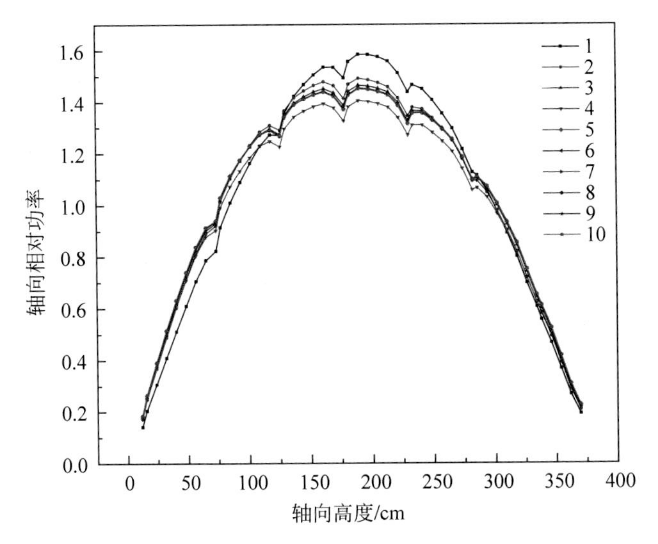

图 2.34　轴向功率迭代变化情况(λ=0.5)

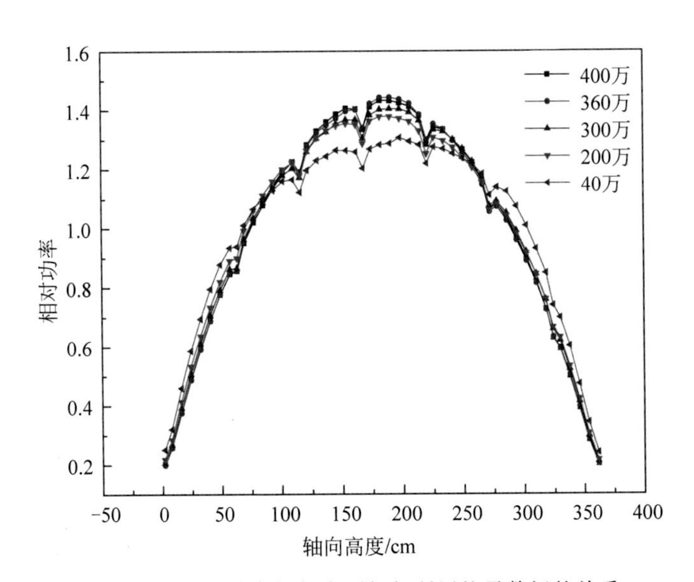

图 3.19　轴向功率与每次更新氙所用粒子数间的关系

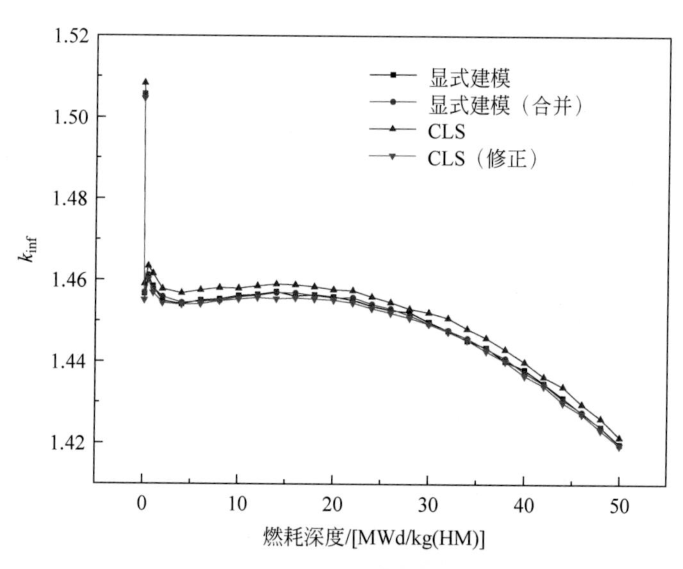

图 4.21　含毒物高温堆燃料球的 k_{inf}

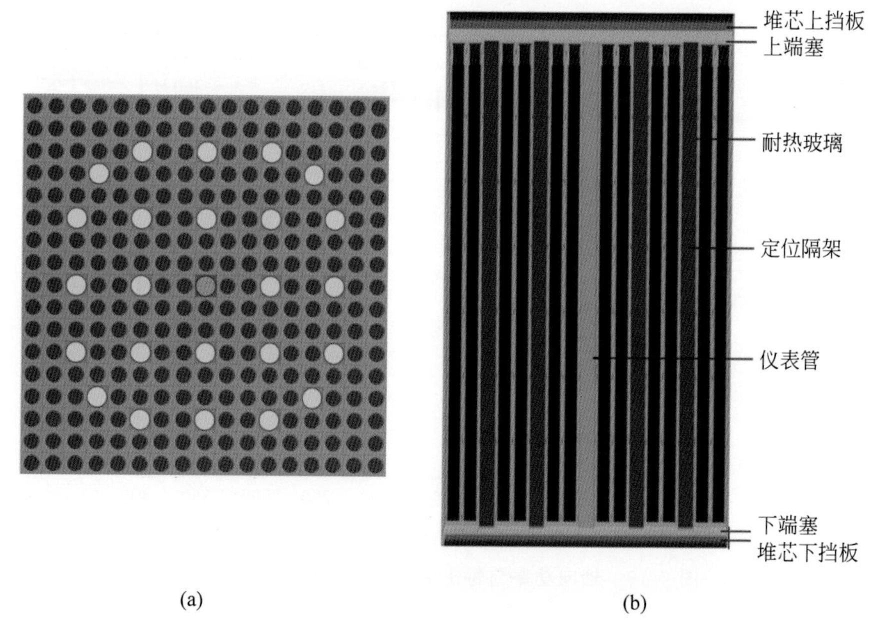

图 5.1　VERA problem 6 组件模型

(a) 径向结构；(b) 轴向结构

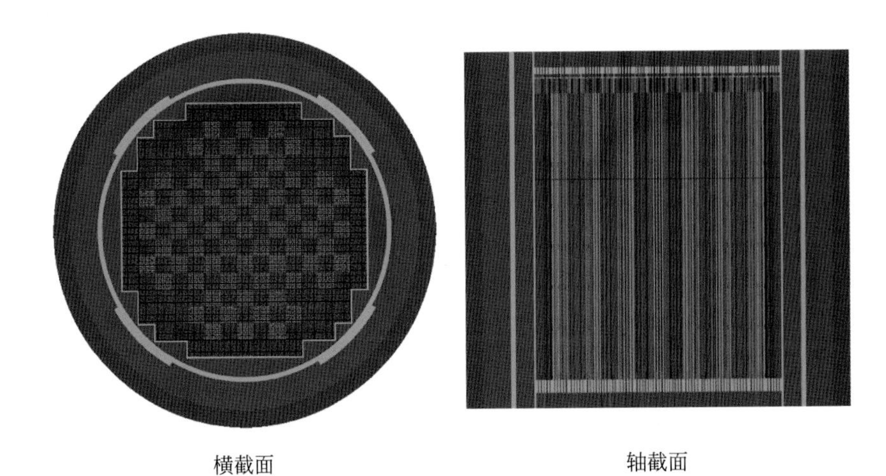

图 5.14　BEAVRS 全堆几何

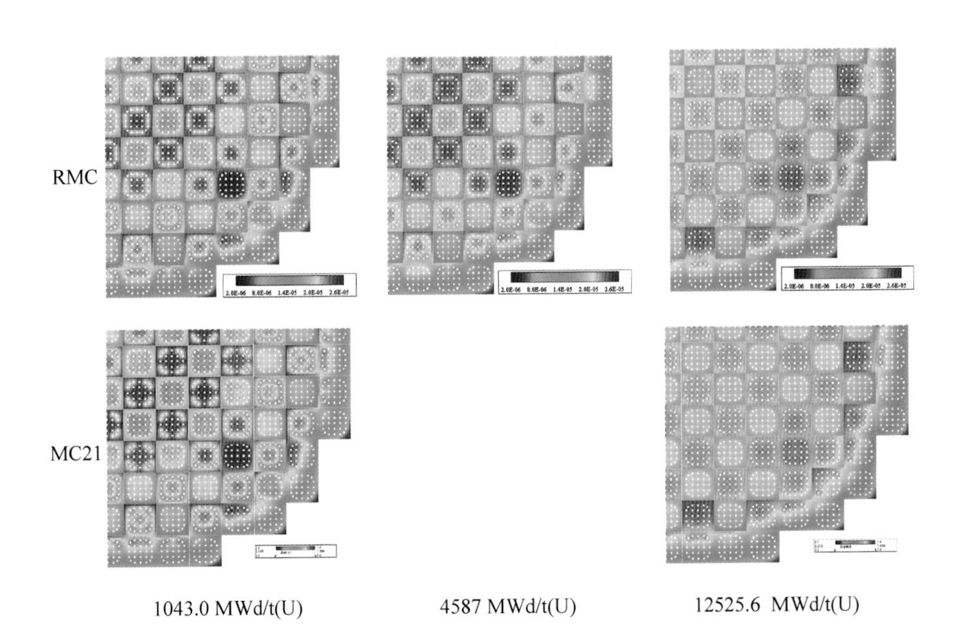

图 5.17　第一循环全堆棒功率分布比较

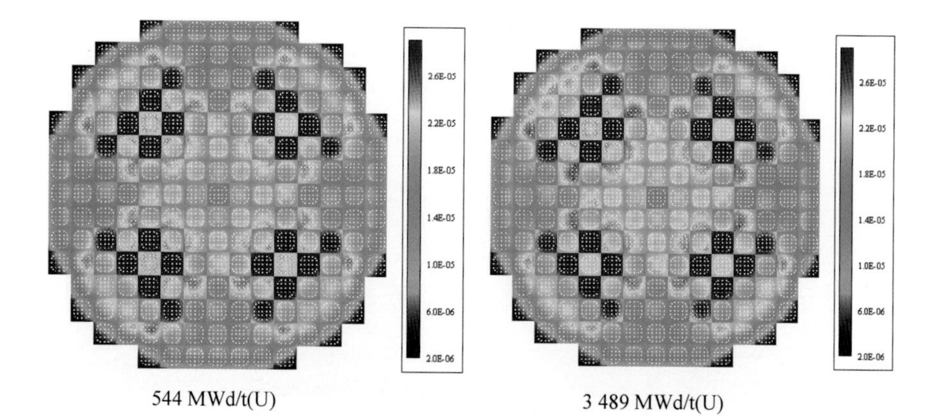

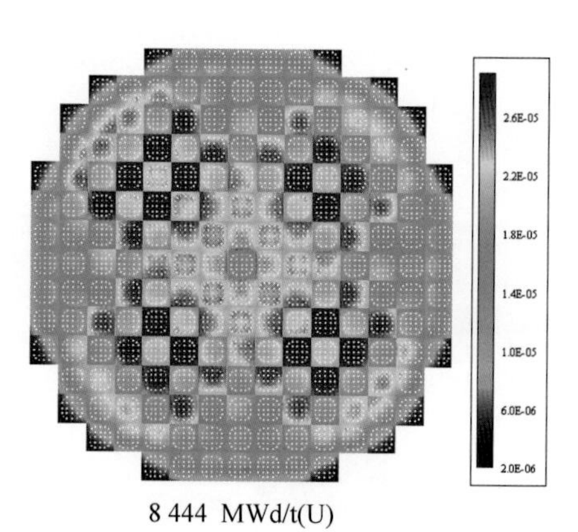

图 5.18　第二循环全堆棒功率分布

清华大学优秀博士学位论文丛书

基于RMC的反应堆全寿期高保真模拟与随机介质精细计算

刘仕倡（Liu ShiChang）著

Reactor High Fidelity Life-cycle Simulation
and Precise Calculation of Stochastic Media based on RMC Code

清华大学出版社
北 京

内容简介

核电站反应堆的寿命、燃料消耗与随机介质的输运和消耗是衡量核电站安全性和经济性的重要指标。本书基于自主反应堆蒙卡程序RMC，阐述了蒙特卡罗方法在反应堆全寿期高保真模拟与随机介质精细计算方面的最新进展，主要研究内容包括蒙卡物理热工耦合方法、蒙卡大规模精细燃耗及换料方法、随机介质精细计算方法以及基准题验证与分析。

本书适合高校核科学与技术等专业的师生以及科研院所相关专业的研究人员阅读，也可供从事核电站开发设计、建设与运行维护的工程技术人员参考。

图书在版编目(CIP)数据

基于RMC的反应堆全寿期高保真模拟与随机介质精细计算/刘仕倡著.—北京：清华大学出版社，2020.10

(清华大学优秀博士学位论文丛书)

ISBN 978-7-302-56319-8

Ⅰ.①基… Ⅱ.①刘… Ⅲ.①蒙特卡罗法—应用—反应堆模拟器—研究 Ⅳ.①TL365

中国版本图书馆CIP数据核字(2020)第156672号

责任编辑：王　倩
封面设计：傅瑞学
责任校对：王淑云
责任印制：宋　林

出版发行：清华大学出版社
网　　址：http://www.tup.com.cn，http://www.wqbook.com
地　　址：北京清华大学学研大厦A座　**邮　　编**：100084
社 总 机：010-62770175　**邮　　购**：010-62786544
投稿与读者服务：010-62776969，c-service@tup.tsinghua.edu.cn
质量反馈：010-62772015，zhiliang@tup.tsinghua.edu.cn
印 装 者：三河市铭诚印务有限公司
经　　销：全国新华书店
开　　本：155mm×235mm　**印　张**：11　**插页**：4　**字　　数**：196千字
版　　次：2020年12月第1版　**印　　次**：2020年12月第1次印刷
定　　价：89.00元

产品编号：086110-01

一流博士生教育
体现一流大学人才培养的高度(代丛书序)[①]

人才培养是大学的根本任务。只有培养出一流人才的高校,才能够成为世界一流大学。本科教育是培养一流人才最重要的基础,是一流大学的底色,体现了学校的传统和特色。博士生教育是学历教育的最高层次,体现出一所大学人才培养的高度,代表着一个国家的人才培养水平。清华大学正在全面推进综合改革,深化教育教学改革,探索建立完善的博士生选拔培养机制,不断提升博士生培养质量。

学术精神的培养是博士生教育的根本

学术精神是大学精神的重要组成部分,是学者与学术群体在学术活动中坚守的价值准则。大学对学术精神的追求,反映了一所大学对学术的重视、对真理的热爱和对功利性目标的摒弃。博士生教育要培养有志于追求学术的人,其根本在于学术精神的培养。

无论古今中外,博士这一称号都和学问、学术紧密联系在一起,和知识探索密切相关。我国的博士一词起源于2000多年前的战国时期,是一种学官名。博士任职者负责保管文献档案、编撰著述,须知识渊博并负有传授学问的职责。东汉学者应劭在《汉官仪》中写道:“博者,通博古今;士者,辩于然否。”后来,人们逐渐把精通某种职业的专门人才称为博士。博士作为一种学位,最早产生于12世纪,最初它是加入教师行会的一种资格证书。19世纪初,德国柏林大学成立,其哲学院取代了以往神学院在大学中的地位,在大学发展的历史上首次产生了由哲学院授予的哲学博士学位,并赋予了哲学博士深层次的教育内涵,即推崇学术自由、创造新知识。哲学博士的设立标志着现代博士生教育的开端,博士则被定义为独立从事学术研究、具备创造新知识能力的人,是学术精神的传承者和光大者。

---

① 本文首发于《光明日报》,2017年12月5日。

博士生学习期间是培养学术精神最重要的阶段。博士生需要接受严谨的学术训练，开展深入的学术研究，并通过发表学术论文、参与学术活动及博士论文答辩等环节，证明自身的学术能力。更重要的是，博士生要培养学术志趣，把对学术的热爱融入生命之中，把捍卫真理作为毕生的追求。博士生更要学会如何面对干扰和诱惑，远离功利，保持安静、从容的心态。学术精神，特别是其中所蕴含的科学理性精神、学术奉献精神，不仅对博士生未来的学术事业至关重要，对博士生一生的发展都大有裨益。

独创性和批判性思维是博士生最重要的素质

博士生需要具备很多素质，包括逻辑推理、言语表达、沟通协作等，但是最重要的素质是独创性和批判性思维。

学术重视传承，但更看重突破和创新。博士生作为学术事业的后备力量，要立志于追求独创性。独创意味着独立和创造，没有独立精神，往往很难产生创造性的成果。1929年6月3日，在清华大学国学院导师王国维逝世二周年之际，国学院师生为纪念这位杰出的学者，募款修造"海宁王静安先生纪念碑"，同为国学院导师的陈寅恪先生撰写了碑铭，其中写道："先生之著述，或有时而不章；先生之学说，或有时而可商；惟此独立之精神，自由之思想，历千万祀，与天壤而同久，共三光而永光。"这是对于一位学者的极高评价。中国著名的史学家、文学家司马迁所讲的"究天人之际，通古今之变，成一家之言"也是强调要在古今贯通中形成自己独立的见解，并努力达到新的高度。博士生应该以"独立之精神、自由之思想"来要求自己，不断创造新的学术成果。

诺贝尔物理学奖获得者杨振宁先生曾在20世纪80年代初对到访纽约州立大学石溪分校的90多名中国学生、学者提出："独创性是科学工作者最重要的素质。"杨先生主张做研究的人一定要有独创的精神、独到的见解和独立研究的能力。在科技如此发达的今天，学术上的独创性变得越来越难，也愈加珍贵和重要。博士生要树立敢为天下先的志向，在独创性上下功夫，勇于挑战最前沿的科学问题。

批判性思维是一种遵循逻辑规则、不断质疑和反省的思维方式，具有批判性思维的人勇于挑战自己，敢于挑战权威。批判性思维的缺乏往往被认为是中国学生特有的弱项，也是我们在博士生培养方面存在的一个普遍问题。2001年，美国卡内基基金会开展了一项"卡内基博士生教育创新计划"，针对博士生教育进行调研，并发布了研究报告。该报告指出：在美国和欧洲,培养学生保持批判而质疑的眼光看待自己、同行和导师的观点同样非常不容易,批判性思维的培养必须成为博士生培养项目的组成部分。

对于博士生而言,批判性思维的养成要从如何面对权威开始。为了鼓励学生质疑学术权威、挑战现有学术范式,培养学生的挑战精神和创新能力,清华大学在2013年发起“巅峰对话”,由学生自主邀请各学科领域具有国际影响力的学术大师与清华学生同台对话。该活动迄今已经举办了21期,先后邀请17位诺贝尔奖、3位图灵奖、1位菲尔兹奖获得者参与对话。诺贝尔化学奖得主巴里·夏普莱斯(Barry Sharpless)在2013年11月来清华参加“巅峰对话”时,对于清华学生的质疑精神印象深刻。他在接受媒体采访时谈道:“清华的学生无所畏惧,请原谅我的措辞,但他们真的很有胆量。”这是我听到的对清华学生的最高评价,博士生就应该具备这样的勇气和能力。培养批判性思维更难的一层是要有勇气不断否定自己,有一种不断超越自己的精神。爱因斯坦说:“在真理的认识方面,任何以权威自居的人,必将在上帝的嬉笑中垮台。”这句名言应该成为每一位从事学术研究的博士生的箴言。

提高博士生培养质量有赖于构建全方位的博士生教育体系

一流的博士生教育要有一流的教育理念,需要构建全方位的教育体系,把教育理念落实到博士生培养的各个环节中。

在博士生选拔方面,不能简单按考分录取,而是要侧重评价学术志趣和创新潜力。知识结构固然重要,但学术志趣和创新潜力更关键,考分不能完全反映学生的学术潜质。清华大学在经过多年试点探索的基础上,于2016年开始全面实行博士生招生“申请-审核”制,从原来的按照考试分数招收博士生,转变为按科研创新能力、专业学术潜质招收,并给予院系、学科、导师更大的自主权。《清华大学“申请-审核”制实施办法》明晰了导师和院系在考核、遴选和推荐上的权力和职责,同时确定了规范的流程及监管要求。

在博士生指导教师资格确认方面,不能论资排辈,要更看重教师的学术活力及研究工作的前沿性。博士生教育质量的提升关键在于教师,要让更多、更优秀的教师参与到博士生教育中来。清华大学从2009年开始探索将博士生导师评定权下放到各学位评定分委员会,允许评聘一部分优秀副教授担任博士生导师。近年来,学校在推进教师人事制度改革过程中,明确教研系列助理教授可以独立指导博士生,让富有创造活力的青年教师指导优秀的青年学生,师生相互促进、共同成长。

在促进博士生交流方面，要努力突破学科领域的界限，注重搭建跨学科的平台。跨学科交流是激发博士生学术创造力的重要途径，博士生要努力提升在交叉学科领域开展科研工作的能力。清华大学于2014年创办了“微沙龙”平台，同学们可以通过微信平台随时发布学术话题，寻觅学术伙伴。3年来，博士生参与和发起“微沙龙”12 000多场，参与博士生达38 000多人次。“微沙龙”促进了不同学科学生之间的思想碰撞，激发了同学们的学术志趣。清华于2002年创办了博士生论坛，论坛由同学自己组织，师生共同参与。博士生论坛持续举办了500期，开展了18 000多场学术报告，切实起到了师生互动、教学相长、学科交融、促进交流的作用。学校积极资助博士生到世界一流大学开展交流与合作研究，超过60%的博士生有海外访学经历。清华于2011年设立了发展中国家博士生项目，鼓励学生到发展中国家亲身体验和调研，在全球化背景下研究发展中国家的各类问题。

在博士学位评定方面，权力要进一步下放，学术判断应该由各领域的学者来负责。院系二级学术单位应该在评定博士论文水平上拥有更多的权力，也应担负更多的责任。清华大学从2015年开始把学位论文的评审职责授权给各学位评定分委员会，学位论文质量和学位评审过程主要由各学位分委员会进行把关，校学位委员会负责学位管理整体工作，负责制度建设和争议事项处理。

全面提高人才培养能力是建设世界一流大学的核心。博士生培养质量的提升是大学办学质量提升的重要标志。我们要高度重视、充分发挥博士生教育的战略性、引领性作用，面向世界、勇于进取，树立自信、保持特色，不断推动一流大学的人才培养迈向新的高度。

邱勇

清华大学校长

2017年12月5日

丛书序二

以学术型人才培养为主的博士生教育，肩负着培养具有国际竞争力的高层次学术创新人才的重任，是国家发展战略的重要组成部分，是清华大学人才培养的重中之重。

作为首批设立研究生院的高校，清华大学自20世纪80年代初开始，立足国家和社会需要，结合校内实际情况，不断推动博士生教育改革。为了提供适宜博士生成长的学术环境，我校一方面不断地营造浓厚的学术氛围，一方面大力推动培养模式创新探索。我校从多年前就已开始运行一系列博士生培养专项基金和特色项目，激励博士生潜心学术、锐意创新，拓宽博士生的国际视野，倡导跨学科研究与交流，不断提升博士生培养质量。

博士生是最具创造力的学术研究新生力量，思维活跃，求真求实。他们在导师的指导下进入本领域研究前沿，吸取本领域最新的研究成果，拓宽人类的认知边界，不断取得创新性成果。这套优秀博士学位论文丛书，不仅是我校博士生研究工作前沿成果的体现，也是我校博士生学术精神传承和光大的体现。

这套丛书的每一篇论文均来自学校新近每年评选的校级优秀博士学位论文。为了鼓励创新，激励优秀的博士生脱颖而出，同时激励导师悉心指导，我校评选校级优秀博士学位论文已有20多年。评选出的优秀博士学位论文代表了我校各学科最优秀的博士学位论文的水平。为了传播优秀的博士学位论文成果，更好地推动学术交流与学科建设，促进博士生未来发展和成长，清华大学研究生院与清华大学出版社合作出版这些优秀的博士学位论文。

感谢清华大学出版社，悉心地为每位作者提供专业、细致的写作和出版指导，使这些博士论文以专著方式呈现在读者面前，促进了这些最新的优秀研究成果的快速广泛传播。相信本套丛书的出版可以为国内外各相关领域或交叉领域的在读研究生和科研人员提供有益的参考，为相关学科领域的发展和优秀科研成果的转化起到积极的推动作用。

感谢丛书作者的导师们。这些优秀的博士学位论文,从选题、研究到成文,离不开导师的精心指导。我校优秀的师生导学传统,成就了一项项优秀的研究成果,成就了一大批青年学者,也成就了清华的学术研究。感谢导师们为每篇论文精心撰写序言,帮助读者更好地理解论文。

感谢丛书的作者们。他们优秀的学术成果,连同鲜活的思想、创新的精神、严谨的学风,都为致力于学术研究的后来者树立了榜样。他们本着精益求精的精神,对论文进行了细致的修改完善,使之在具备科学性、前沿性的同时,更具系统性和可读性。

这套丛书涵盖清华众多学科,从论文的选题能够感受到作者们积极参与国家重大战略、社会发展问题、新兴产业创新等的研究热情,能够感受到作者们的国际视野和人文情怀。相信这些年轻作者们勇于承担学术创新重任的社会责任感能够感染和带动越来越多的博士生,将论文书写在祖国的大地上。

祝愿丛书的作者们、读者们和所有从事学术研究的同行们在未来的道路上坚持梦想,百折不挠!在服务国家、奉献社会和造福人类的事业中不断创新,做新时代的引领者。

相信每一位读者在阅读这一本本学术著作的时候,在吸取学术创新成果、享受学术之美的同时,能够将其中所蕴含的科学理性精神和学术奉献精神传播和发扬出去。

清华大学研究生院院长

2018 年 1 月 5 日

导师序言

随着核能发电、制氢和核动力等技术的不断发展，在保证安全性的前提下，核能系统的经济性也越来越受到关注。蒙特卡罗（蒙卡）方法采用连续能量点截面和构造实体几何，在处理复杂几何结构和复杂能谱方面具有不可替代的优势，因此在反应堆物理设计中发挥着越来越重要的作用。同时，弥散型燃料（随机介质）是新型燃料设计中引人关注的燃料类型之一。蒙卡全寿期高保真模拟和随机介质精细计算研究属于目前反应堆蒙卡研究的两个前沿问题，因此有必要对其进行系统深入的分析探讨。

刘仕倡的博士学位论文以"蒙卡全寿期高保真模拟和随机介质精细计算"为研究主题，基于自主化反应堆蒙卡程序RMC，针对随机介质（弥散燃料）模拟、核截面温度反馈（多普勒展宽）、超大规模并行计算和物理热工耦合等内容，研究了关键方法和算法。首先，针对多温度连续能量点截面内存占用太大的问题，开发了高效的全能区在线截面处理方法。在此基础上，实现了蒙卡程序RMC与子通道程序COBRA-TF的物理热工耦合，完成了国际基准题MIT-BEAVRS的两循环热态满功率工况的模拟。其次，基于区域分解、数据分解和MPI/OpenMP混合并行，依托天河二号超级计算机实现了高效的千万网格超大规模燃耗计算。最后，在随机介质计算方面，提出了多种颗粒类型的弦长抽样法和带虚拟网格加速的显式模拟法等方法，并结合大规模燃耗，实现了弥散燃料全堆输运-燃耗计算。

论文在蒙卡高保真模拟和随机介质计算方法上进行了创新，并取得了程序计算能力的突破，使RMC程序在该方面的研究达到了先进水平。同时，开发的程序也成功应用于大型压水堆、核动力舰船、高温堆和先进事故容错燃料等领域的工程模拟当中，所以，该研究兼具重要的学术意义和工程应用价值。

我相信本书的出版一定会促进读者对蒙卡方法在核工程技术和应用领域的认识。

王 侃
清华大学工程物理系
2019年8月

摘　要

基于核能系统安全性和经济性的双重考虑并伴随着计算能力的不断提高，人们对反应堆计算程序的精度、效率和计算能力提出了更高的要求，高保真计算的理念受到越来越广泛的关注。同时，新型反应堆及燃料设计相继提出，其中弥散型燃料是引人关注的燃料类型之一。全寿期高保真模拟和随机介质精细计算是反应堆蒙卡研究的两个热点和难点。本书基于自主反应堆蒙卡程序 RMC，对全寿期高保真模拟及随机介质精细计算展开了研究，主要研究内容包括：

(1) 蒙卡物理热工耦合方法。温度相关的截面处理是实现耦合计算的基础，针对多温度连续能量点截面内存占用过大的问题，本书开发了高效的全能区在线截面处理算法。在耦合方面，本书提出了 RMC/CTF 通用耦合方法，并针对蒙卡耦合中的功率振荡问题，采用了松弛因子方法进行功率更新，达到了提高耦合稳定性及加速收敛的效果。

(2) 蒙卡大规模精细燃耗及换料方法。该方法是实现反应堆高保真计算和随机介质计算的重要基础。本书基于综合并行的大规模燃耗方法、大规模燃耗中的氙平衡修正以及蒙卡换料方法三个方面展开了研究，分别提出了区域分解＋燃耗数据分解＋混合并行结合组统计的方法、基于 Batch 的改进平衡氙方法及收敛判据和基于材料数据-几何-计数器-燃耗数据映射关系的内置换料方法。

(3) 随机介质精细计算方法。研究了随机栅格法、多种颗粒类型的弦长抽样法、弦长抽样法填充率修正方法以及带虚拟网格加速的显式模拟法。在组件燃耗方面，实现了颗粒级精细燃耗计算。在全堆燃耗方面，提出了两种燃耗区合并的策略，并结合大规模燃耗，实现了弥散燃料全堆输运-燃耗计算。

(4) 基准题验证与分析。基于高保真耦合基准题 VERA 和 BEAVRS，验证了 RMC 的高保真耦合计算能力及其正确性；基于高温堆及其燃耗基准题，验证了 RMC 的随机介质输运-燃耗计算能力及其正确性。

本研究在蒙卡高保真耦合模拟和随机介质精细计算方面取得了方法上的创新和程序计算能力的突破，不仅使 RMC 程序在反应堆全寿期高保真模拟和随机介质精细计算方面的研究达到了先进水平，同时也具有明确的工程应用价值。

关键词：蒙特卡罗；全寿期；耦合；随机介质；燃耗

Abstract

With the rising concerns over the safety and economy of nuclear power system and the improvement of computational power in recent years, greater demands for the higher accuracy, efficiency and capability of reactor analysis codes were proposed. The concept of "high fidelity" simulation was attracting more and more concentrations. Meanwhile, the new design of reactors and fuels were put forward, and the dispersion fuel was one of the most attractive fuel types. The high fidelity lifecycle simulation and precise calculation of stochastic media were two hot and difficult problems in reactor Monte Carlo research. Based on the self-developed reactor Monte Carlo code RMC, this book conducted research on high fidelity lifecycle simulation and stochastic media calculation. The main research contents include:

(1) Coupling method of Monte Carlo neutron transport code and thermal-hydraulics code. The treatments of temperature dependent cross sections were the key point of coupling calculations. Aiming to solve the problem of huge memory consumption for the multi-temperature continuous-energy cross sections, the on-the-fly cross sections treatments with high efficiency were developed for the whole energy range. For the coupling calculations, the versatile coupling of RMC/CTF codes were proposed. To solve the power oscillations problem in the Monte Carlo based coupling, the power relaxation method was used to improve the stability and the convergence of coupling.

(2) Large scale burnup and refueling calculation based on Monte Carlo method. This method was the important foundation for both high fidelity simulation and stochastic media calculation. Three parts were studied: large scale burnup calculation based on integrated parallelism,

the equilibrium xenon method in large scale burnup calculation and Monte Carlo refueling method. Three methods were proposed respectively, including: "domain decomposition + burnup data decomposition + hybrid parallel" integrated with batch method, modified equilibrium xenon method based on batch method and its convergence criterion, and the built-in refueling method based on the mapping relation of "material-geometry-tally-burnup" data.

(3) Precise calculation of stochastic media. The random lattice method, chord length sampling method for multiple types of particles, chord length sampling method with packing fraction correction and explicit modeling method with pseudo mesh acceleration were proposed. The particles level precise burnup calculation was developed for assembly burnup calculation. Two strategies of combining burnup regions based on "pseudo mesh" and "universe" were proposed for full core burnup calculation of dispersion fuel, which were achieved by integrating the large scale burnup calculation method and combining strategies.

(4) Verification and analysis of benchmark problems. The high fidelity coupling benchmarks of VERA and BEAVRS were simulated by RMC, proving its capability and accuracy of high fidelity simulations. The high temperature reactor benchmark and related burnup benchmarks were also performed to verify the capability and accuracy of transport and burnup calculations for stochastic media by RMC.

This book achieved the innovation in methodology and a breakthrough in capability of codes for high fidelity coupling simulation and stochastic media calculations using Monte Carlo method. This work not only brings RMC to advanced levels in high fidelity simulation and stochastic media calculations, but also has important value in the engineering applications.

Key words: Monte Carlo; lifecycle; coupling; stochastic media; burnup

主要符号对照表

ATF	事故容错燃料(accident tolerant fuel)
CLS	弦长抽样方法(chord-length sampling)
CSG	构建实体几何(constructive solid geometry)
DD	区域分解(domain decomposition)
DEPTH	清华大学工程物理系 REAL 实验室开发的点燃耗计算程序
k_{eff}	有效增殖因子
k_{inf}	无限增殖因子
MC	蒙特卡罗(Monte Carlo),简称蒙卡
MC21	美国海军核实验室开发的蒙卡程序
MCNP	洛斯阿拉莫斯国家实验室(LANL)开发的通用蒙卡程序
MPI	消息传递接口(message passing interface)
MWd/kg(HM)	燃耗深度单位,兆瓦日/千克(重金属)
MWd/t(U)	燃耗深度单位,兆瓦日/吨(铀)
MWd/t(HM)	燃耗深度单位,兆瓦日/吨(重金属)
OpenMC	美国麻省理工学院开发的开源蒙卡程序
pcm	10^{-5}(反应性单位)
RE	相对误差(relative error)
RMC	反应堆蒙卡程序(reactor Monte Carlo code)
RSA	随机序列添加法(random sequential addition)
SCALE	美国橡树岭国家实验室(ORNL)开发的反应堆安全分析和设计的建模与模拟程序包
TD	计数器数据分解(tally decomposition)
Tally	计数器
TRISO fuel	多层结构各向同性燃料(tristructural-isotropic fuel)

目　录

第1章 引　　言

1.1 研究背景与意义

能源与环境是人类生存与发展的必要条件，能源的有效利用和环境的保护是当今社会关注的两大问题。中国目前是世界能源消费第一大国，化石能源在我国能源结构中占据了很大比重，煤炭更是占到63.7%[1]。面对我国社会主要矛盾的变化，环境保护的需求在人民对美好生活的追求中也显得更加重要。面对能源与环境这两大问题，核电将扮演不可或缺的角色。首先，核电能量密度大、运行稳定，相较于太阳能和水电等新能源，核电受季节及气候影响很小，可以保障能源应用过程的稳定和安全。同时，核电可以有效减少温室气体、粉尘等的排放，在减排环保方面能够产生重大效益。然而2016年数据显示我国核能发电占比不足4%[2]，福岛事故后我国核电发展放缓，社会对核电的经济性和安全性也有一些质疑的观点。

如何从设计上提高核电厂的安全性和经济性是核电发展的关键，核能科研工作者进行了大量研究工作。一方面，随着计算能力的提升，人们对反应堆计算程序的精度、效率和计算能力提出了更高的要求，传统的计算方法和程序已不能完全满足对安全性和经济性方面的新需求。近年来，高保真(high-fidelity)计算的理念受到越来越广泛的关注。高保真计算旨在减少计算程序在建模及模拟方法中对反应堆真实情况的近似，从而减少由计算方法导致的不确定性和保守假设，提高核电厂的安全性和经济性。

另一方面，新型反应堆设计也相继被提出，某些新型反应堆已逐步进入试验乃至工程阶段，其中具有代表性的新堆型包括：快中子堆、球床高温气冷堆、熔盐堆、小型模块化反应堆等。另外，对压水堆新型燃料的研究，特别是事故容错燃料(accident tolerant fuel)的研究也在如火如荼的进行当中。这些新型堆和新型燃料设计理念的提出，也对反应堆计算程序和方法提出了新的要求。

面对反应堆高保真计算的需求，以及新型堆和新型燃料的研究设计需求，蒙特卡罗方法由于其几何建模的准确性和灵活性、连续能量点截面处理的准确性以及良好的并行性，受到越来越多反应堆计算科研工作者的关注，并发挥着越来越重要的作用。世界上很多国家都研发了自主的蒙卡程序，其中美国有最经典的蒙卡程序 MCNP[3]、美国海军核实验室的 MC21[4] 以及 MIT 的开源蒙卡程序 OpenMC[5]。其他程序包括法国的 TRIPOLI[6]、日本的 MVP[7]、韩国的 McCARD[8] 和芬兰的 Serpent[9] 等。国内的一些高校及研究单位，也开发了一些自主化蒙卡程序，包括北京应用物理与计算数学研究所的 JMCT[10]、中科院核能安全技术研究所的 SuperMC[11] 以及清华大学工程物理系的堆用蒙卡程序 RMC[12]。

随着计算能力的提高以及先进并行算法的提出，蒙卡方法和程序在全堆大规模计算方面的能力得到很大提升。然而，为了使蒙卡程序能够被应用于实际的反应堆工程设计及研究当中，必须不断拓展蒙卡程序的分析功能，从而使其能够应对反应堆高保真计算以及新型堆和新型燃料设计的新需求。其中，反应堆全堆全寿期高保真耦合模拟和随机介质精细输运及燃耗计算是当前蒙卡程序研究的热点和难点。

反应堆全堆全寿期高保真耦合模拟不同于传统反应堆计算中两步和三步法等均匀化的思路，其同时采用多物理（中子输运、热工水力、燃耗等）的耦合，旨在减少传统反应堆计算中的栅元/组件与堆芯分步计算及各种物理场独立处理的假设，从而减少近似，提高计算精度。在 PHYSOR 2010 会议上，Bill Martin 和 Forrest Brown 在题为“Some Challenges for Large-scale Reactor Calculations”的大会报告中，提出了将蒙卡方法用于大规模计算所面临的五大问题（见表 1.1），其中就包括蒙卡燃耗计算与蒙卡多物理耦合计算。在“Technical Summary of PHYSOR 2014”中，Akio Yamamoto 也提出了蒙卡方法的五大未解决问题（见表 1.2），“Instability of MC based multi-physics calculation due to statistics deviation”也是其中之一。

表 1.1 PHYSOR 2010 会议提出的将蒙卡方法用于大规模计算面临的五大问题

序号	问题	序号	问题
1	计算时间与内存	4	适应未来计算机
2	蒙卡燃耗	5	多物理耦合
3	源收敛		

表 1.2　PHYSOR 2014 会议提出的蒙卡方法的五大未解决问题

序号	问　　题
1	局部统计量的收敛及相关性
2	基于连续能量蒙卡的高效、节省内存的敏感性和不确定性评价方法
3	对多种形状/大小的随机分布颗粒的处理
4	由于统计偏差造成的基于蒙卡的多物理耦合的不稳定性
5	多群截面产生及其不确定度在全堆计算中的影响

"Technical Summary of PHYSOR 2014"提到蒙卡方法的五大挑战之一是"Treatment of random distributions of particles with various shapes and sizes"。这一话题之所以成为蒙卡方法研究的重要方向之一，在于其特殊的应用对象——弥散燃料。包覆颗粒弥散型燃料具有在高温及深燃耗条件下阻滞和包容裂变产物的能力，能够在保证安全性的前提下提高燃料利用的经济性，因此弥散燃料得到了越来越广泛的应用。弥散燃料及其所构成的堆芯依据材料结构的属性分类属于随机非均匀介质，精确高效的随机介质中子输运-燃耗计算，是基于弥散燃料的新型燃料及反应堆设计的核心和基础。

结合目前蒙卡方法发展的热点和难点，以及蒙卡方法在反应堆设计中的需求和应用，本书基于自主反应堆蒙卡程序 RMC，开展蒙卡全寿期高保真耦合模拟与随机介质精细计算研究。

1.2　研究现状

1.2.1　蒙卡全寿期高保真耦合模拟研究现状

蒙卡方法与确定论方法并称为反应堆中子输运计算的两类重要方法。由于其在几何和能量处理方面具有灵活性和准确性，使蒙卡方法自身就具有高保真方法的特点。由于蒙卡方法在计算效率和计算能力方面受到限制，长期以来蒙卡方法主要作为初装堆分析和屏蔽计算中重要的中子输运求解器。

然而，核反应堆是一个不同物理场相互耦合和作用的复杂系统，除了中子输运以外，还需要考虑热工水力(温度、密度)、核素燃耗、燃料性能、水化学和反应性控制(可溶硼与控制棒)等多方面的物理现象。同时，在核反应堆的多循环燃耗计算中，还需要考虑燃耗后燃料组件的倒换料问题，如图 1.1 所示。

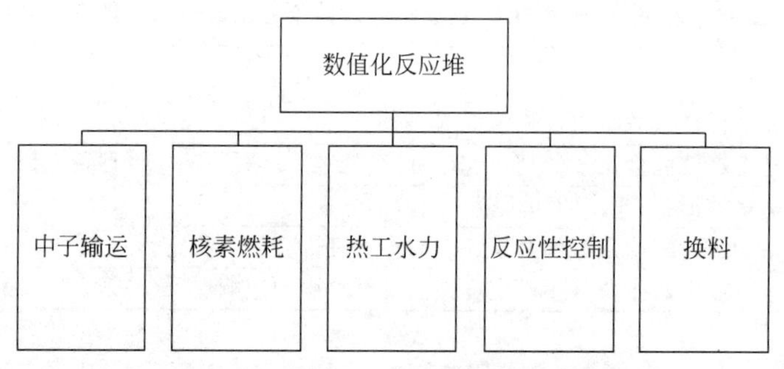

图 1.1 数值化反应堆的基础组成部分

全寿期高保真耦合模拟对反应堆功率提升、燃耗的加深以及反应堆延寿有重要的意义，有助于提高反应堆的经济性。同时通过全寿期高保真耦合模拟，可以构建“数值化反应堆”，为反应堆工程设计和分析（如小型堆等）提供工具，也有助于高性能科学计算及相关基础科学研究的发展。

基于蒙卡方法或确定论方法为中子输运求解器的高保真多物理耦合，受到全世界研究者的关注。其中，最著名的是美国能源部的 CASL 计划[13]。CASL 是先进轻水堆模拟联盟（Consortium for Advanced Simulation of LWRs）的简称，该联盟由美国的各大国家实验室、高校以及电力公司组成，致力于构建一个虚拟反应堆并进行与该虚拟反应堆相关的基础科学研究。

VERA 是 CASL 计划的产物和核心[14]，是针对反应堆应用的高保真虚拟环境（high-fidelity virtual environment for reactor applications）的简称。VERA 的中子输运求解器是基于特征线方法（MOC）的 MPACT，热工水力程序采用子通道程序 CTF。

基于确定论程序的高保真耦合程序还有韩国首尔国立大学开发的 MOC 程序 nTRACER，其与子通道程序 MATRA 进行耦合[15]。基于蒙卡程序的高保真耦合包括 MC21/CTF 耦合[16]、MCNP/SUBCHANFLOW 耦合[17]和 Serpent 2/SUBCHANFLOW 耦合[18]等。可以看出，目前高保真耦合程序大多数采用子通道程序作为热工水力程序。

国内研究方面，西安交通大学开发的 NECP-X/SUBSC 是基于确定论程序的高保真耦合的代表程序[19]。NECP-X 也采用了 2D/1D 特征线方法，同时在共振处理及各向异性泄漏处理方面采用了独特的先进方法。而在蒙卡高保真耦合方面，北京应用物理与计算数学研究所也开展了 JMCT 与子通道程序 COBRA-EN 的物理热工耦合研究[20]。

同时，为了验证这些高保真耦合程序的计算能力和准确性，国际上提出了一些著名的基准题。包括 CASL 计划的 VERA 系列基准题[21] 和 MIT 提出的 BEAVRS 基准题[22] 等。这两个基准题都是基于美国西屋公司核电站实际参数和实测数据提出的，是考验反应堆设计与分析程序的重要验证标准。这两个基准题从技术层次上可以划分为三个阶段：热态零功率(HZP)、热态满功率首循环(HFP+Cycle 1)以及热态满功率多循环(HFP+Multi-cycle)。以 BEAVRS 基准题为例，完成第一阶段热态零功率(HZP)计算的蒙卡程序有美国的 OpenMC[22] 和 MC21[23]，日本的 MVP[24]，韩国的 McCARD[25]，中国的 JMCT[26]、SuperMC[27] 和 RMC[28]。西安交通大学的 NECP-CACTI(组件程序)和 NECP-VIOLET(堆芯扩散程序)也完成了基于两步法的 BEAVRS 基准题 HZP 计算[29]。在本研究初期，只有美国的 MC21 程序在 2014 年完成了 1/4 堆的 HFP 首循环计算[30]，是当时唯一完成第二阶段热态满功率首循环(HFP+Cycle1)计算的蒙卡程序。2016 年，芬兰 VTT 的蒙卡程序 Serpent 和扩散程序 ARES 也完成了基于两步法的 BEAVRS 基准题 HFP 首循环计算[31]。2017 年，西安交通大学的陈定勇等也基于 CASMO-4E/SIMULATE-3 进行了 BEAVRS 首循环计算[32]。到了第三阶段热态满功率多循环(HFP+Multi-cycle)，在研究初期世界范围内尚未有蒙卡程序完成 BEAVRS 的两循环计算，而在确定论程序方面，完成第三阶段计算的有韩国的 nTRACER [15](2014 年)和 CASL 的 VERA 程序(2017 年)，这两个程序都采用了高保真的耦合计算。另外 MIT 的 GA Gunow 在 2015 年完成了基于 CASMO-SIMULATE 的两步法计算[33]，国家电力投资集团中央研究院的 COSINE 软件包也在 2016 年采用确定论的两步法完成了计算。

另外一个著名的 VERA 系列基准题总共有 10 个子问题，如图 1.2 所示。世界范围内完成到第 7 个问题(全堆热态满功率问题)的确定论程序有 CASL 的 VERA 程序，蒙卡程序有美国的 MC21/CTF 程序。另外，西安交通大学的 NECP-X/SUBSC 在 2017 年也完成了 VERA 系列基准题的第 6 个问题(组件热态满功率问题)[19]。

这些高保真耦合基准题，是对蒙卡程序进行反应堆模拟及设计所需要的各种计算功能的考验，其中的关键算法如图 1.3 所示。

综上所述，国内外针对高保真耦合计算的研究方兴未艾，采用高保真方法完成全寿期热态满功率计算的确定论和蒙卡程序皆尚属少数。基于蒙卡程序的全寿期高保真耦合模拟更是世界范围内的难题。

图 1.2　VERA 基准题的 10 个子问题

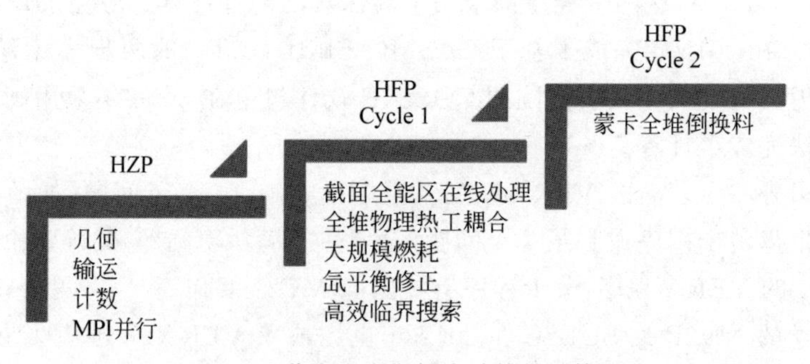

图 1.3　蒙卡全寿期耦合计算关键算法

1.2.2　蒙卡随机介质精细计算研究现状

燃料设计是提高新型核能系统安全性和经济性的关键因素，弥散型燃料是其中引人关注的燃料类型之一。弥散型燃料是将核燃料弥散分布在非裂变材料(金属和石墨)中。弥散型燃料由于燃料颗粒细小，受辐照后可以达到很高的温度。同时裂变产物基本上都被包容在燃料颗粒内，基体也起到了进一步包容裂变碎片的作用，因此可以达到很深的燃耗深度。

随着工艺技术的不断成熟，包覆颗粒弥散型燃料越来越多地被应用于高温气冷堆、钍基熔盐堆和空间堆等新型先进核能系统。在福岛核事故之后，弥散型燃料作为一种事故容忍材料（accident tolerant fuels，ATF）得到广泛关注。例如，有研究者提出在传统轻水堆中引入新型全陶瓷包覆颗粒燃料（fully ceramic micro-encapsulated fuel，FCM）[34]。此外，随着降浓计划（reduced enrichment for research and test reactors，RERTR）的实施，弥散型燃料被广泛应用于各种实验研究堆[35]。同时弥散燃料也是核动力舰船堆芯燃料的核心，随机非均匀介质的精细输运和燃耗计算，与核动力舰船的设计、运行和安全等紧密相关。

弥散型燃料及由其构成的堆芯属于随机非均匀介质[36]。一方面，区别于传统的陶瓷型或金属型核燃料，弥散型燃料具有随机非均匀结构，即体积微小且数量巨大的燃料颗粒随机弥散在基体材料当中。另一方面，弥散型燃料元件在堆芯内还可能按照确定的（如棱柱或平板结构）或随机的（如球床结构）形式非均匀布置。以球床式高温气冷堆为例，堆芯内包含大量随机堆积的燃料球和石墨球，每个燃料球内包含大量随机分布的燃料颗粒，即所谓的双重随机非均匀性。

为了解决这种随机非均匀性，确定论程序和蒙卡程序中都开发了不同的方法。组件均匀化程序 Dragon 中开发了针对双重非均匀性的碰撞概率方法[37]，但是只能处理二维几何问题。西安交通大学的刘庆杰等采用统计与确定论方法相结合进行求解，通过蒙卡方法得到平均弦长，再用 SN 方法求解统计输运方程[38]。该方法对一些测试问题取得了较好结果，然而随着材料弦径比减小，误差将增大。球床式高温气冷堆物理设计所广泛使用的 VSOP 程序[39]，在建模时将全堆划分为若干个区域，先通过碰撞概率法求解各区域的群常数，然后进行全堆扩散求解。VSOP 在计算群常数时，为考虑双重非均匀性的影响，采用了近似物理模型修正群截面和共振自屏等参数。可见，确定论方法在随机介质计算的精度及普适性（多种颗粒类型以及各种体积填充率）上存在一些不足和限制。

另一方面，由于复杂几何具有精细描述、连续能量点截面处理和高效并行等能力，使蒙卡方法在解决随机介质的输运问题中占据了独特的优势。然而传统的蒙卡程序缺乏精确高效模拟随机介质的能力。以往的基于蒙卡程序的随机介质模拟，一般采用 MCNP 的重复结构，假设燃料颗粒和燃料球均为规则排列[40,41]。为达到真实的体积填充率，一些研究人员[42,43]提出了体心立方和面心立方等排列方式，并人为调整球心间距。重复结构描述方法忽略了随机介质的随机特性，可能会引入不可忽略的系统误差。首先，重复结构会增加特定角度的中子泄漏，导致中子流效应[44]。其次，重复结构网格中的颗粒通常会被外边界截断[45]，偏离真实物理情况。此外，重复结构难以描述多尺寸、多类型随机介质的情况。譬如，在某些弥散型燃料元件/组件设计中，混合填充燃料颗粒和可燃毒物颗粒[46]，用于降低堆芯的初始反应性。对于这种燃料形式，很难通过重复结构准确描述。SCALE程序包中蒙卡程序KENO的多群模块提供了double-het的功能[47]，采用多群截面预处理器CENTRM/PMC产生问题相关的修正多群截面，其本质也是对截面的等效和近似。

研究精确高效模拟随机介质的连续能量蒙卡中子输运方法，是蒙卡方法研究的热点问题之一。目前国际上已开展的相关工作主要包括以下三种方法。

(1) 重复结构随机栅格方法(random lattice)。该方法由Brown和Martin[48]提出，并应用在MCNP5当中。其基本思想是在几何建模时，先假设随机介质按照重复结构排列，在中子输运过程中，令重复网格内所填充的物质在其原来的位置上发生随机扰动。重复结构随机栅格方法简单易行，但也存在一定的局限：首先，该方法无法描述紧密堆积结构(如球床)，缺少普适性；其次，扰动幅度不能过大，否则可能造成燃料颗粒被重复结构内部网格截断；再次，随机扰动加剧了重复结构网格被外边界截断的不确定性。

(2) 弦长抽样方法(chord-length sampling)。自20世纪90年代直至近几年，Zimmerman和Adams[49]、Isaomurata等[50]、Ji Wei和Martin[51]以及Liang Chao和Ji Wei[52]对弦长抽样方法开展了大量研究，MVP和Serpent等程序亦采用了该方法。弦长抽样方法无须显式地描述所有随机介质，而是在中子输运过程中对随机介质的距离(即弦长)和角度进行抽样。弦长抽样方法的最大优势在于它能够简化几何建模，提高计算效率。该方法的关键难点在于准确描述弦长的概率密度函数，特别是在高体积填充率时需要对概率密度函数进行修正。

(3) 显式模拟方法(explicit modelling)。重复结构随机扰动方法和弦长抽样方法都属于在线抽样方法，即在中子输运过程中通过在线抽样来获得随机介质的空间位置。而显式模拟方法通过预先抽样获得所有随机介质的位置分布，然后采用常规的蒙卡中子输运方法进行模拟。以球床式高温气冷堆为例，需要预先产生所有燃料球和石墨球的坐标位置，以及每个燃料球内包覆颗粒的坐标位置，进而构建整个堆芯模型。显式模拟方法具有很高的保真度，因而一般用作其他方法的基准解。显式模拟方法的关键技术之一是正确且快速地抽样产生球床或包覆颗粒等随机介质的位置分布。对此国际上已开展的研究包括随机序列增加（random sequential addition，RSA）方法[53]、准静态方法（quasi-dynamics method，QDM）[54]和离散单元法（discrete element method，DEM）[55]等。显式模拟方法的另一个关键技术是在蒙卡输运计算过程中提高粒子跟踪效率和减少内存占用。Monk 和 Serpent 程序已实现可用于高温堆的显式模拟方法[56, 57]，但具体细节未见于公开文献。

西安交通大学的李志峰等采用 Serpent 程序的弦长抽样方法和显式模拟方法对氟盐冷却球床高温堆的燃料栅元进行了计算，并对比了规则几何、弦长抽样方法和显式模拟方法对结果的影响，发现弦长抽样方法在高体积填充率时即使对体积填充率进行修正仍会产生较大误差[58, 59]。然而基于 RSA 的填充方法的体积填充率上限为 38%[60]，无法满足一些高体积填充率的设计（如 FCM 燃料）的需求。

除了对中子输运问题的模拟外，蒙卡方法研究和程序发展的另一个重要方向是蒙卡燃耗计算。所谓蒙卡燃耗计算，实质上是蒙卡中子输运与点燃耗计算过程的相互耦合。蒙卡输运过程得到中子通量和反应截面等数据，点燃耗过程求解相应的燃耗方程并更新核素密度。

对于使用包覆颗粒弥散型燃料的反应堆，蒙卡燃耗计算遇到重大挑战。原因来自多个方面。其一，如上所述，传统蒙卡程序缺乏精确高效模拟随机介质的能力。其二，传统蒙卡程序缺乏处理大规模燃耗区的能力。以高温气冷堆为例，包覆颗粒弥散型燃料元件或组件内含有的燃料颗粒数量多达 $10^4 \sim 10^6$ 量级，整个堆芯的燃料颗粒数以亿计。

国际上在随机介质蒙卡燃耗计算方面已开展的工作可被概括为以下两个层面：

（1）弥散型燃料元件/组件燃耗计算。DeHart 和 Ulses 发布了高温堆燃料元件燃耗基准题[61]，包括燃料颗粒无限重复栅格、燃料球栅元和柱状超栅元三种典型模型。一些参与者[47, 62, 63]使用 Serpent、KENO 和 BGCore 等程序给出了部分基准题的计算结果，这些计算大多采用重复结构描述燃料颗粒，并假设所有燃料颗粒具有相同的燃耗速率。除了上述基准题以外，

Obara 和 Onoe[46]使用 MVP 程序计算了同时含燃料颗粒和可燃毒物颗粒的柱状高温堆燃料元件，Brown 等[34]计算了轻水堆全陶瓷包覆颗粒燃料组件。

(2) 弥散燃料全堆燃耗计算。Kim 和 Venneri[64]以及 Edward Read 等[65]分别使用 McCARD 和 MonteBurns 程序计算了棱柱式高温堆全堆燃耗问题。为了降低问题难度，他们采用反应性等价物理转换(reactivity-equivalent physical transformation，RPT)方法[66]，将包覆颗粒燃料元件近似等效为均匀材料。RPT 方法是一种近似方法，其误差随燃耗增大而增大。燃耗区的划分也比较粗糙，需要人为对燃耗区进行分组。

综上所述，国际上现有的三种随机介质输运计算方法均存在缺点及局限，难以适用各种新型燃料设计的需求(如含毒物的 FCM 燃料)。而在燃耗计算方面，计算精细程度较低，元件/组件级别的计算只能以燃料球、燃料棒作为整个燃耗单元，无法计算颗粒的燃耗深度；而全堆计算则采用 RPT 等方法，燃耗区的划分也比较粗糙。

1.3 研究目标与内容

本书的研究内容包括两部分，分别是蒙卡全寿期高保真耦合模拟研究和蒙卡随机介质精细计算研究。这两部分工作都基于清华大学工程物理系 REAL 实验室自主开发的反应堆蒙卡程序 RMC 开展，依托 RMC 已具备的基本功能(如临界计算、燃耗计算、混合并行、数据分解与区域分解、临界搜索和平衡氙修正等)，实现 RMC 全寿期高保真耦合模拟和随机介质精细计算的相应核心算法及程序功能模块的研发。

蒙卡全寿期高保真耦合模拟研究的主要内容包括：

(1) 温度相关截面全能区在线处理方法。研究蒙卡程序在可分辨共振能区、热化能区和不可分辨共振能区的在线截面处理方法。提出了可分辨共振能区的基于射线追踪法(ray tracking)的靶核运动抽样法(target motion sampling)和基于改进高斯-厄米特(Gauss-Hermite)求积组的在线多普勒展宽方法、热化能区热散射数据在线插值方法以及不可分辨共振能区概率表在线插值方法，并验证其效率与精度。

(2) 蒙卡物理热工耦合。在完成温度相关截面在线处理功能开发的基础上，实现了 RMC 和子通道热工水力程序 CTF 的通用耦合。并研究了统计偏差造成的不稳定性对蒙卡耦合的影响，采用了松弛因子方法进行功率更新,达到了提高耦合稳定性及加速收敛的效果。

(3) 基于综合并行的大规模燃耗计算方法。基于 MPI/OpenMP 混合并行、区域分解和数据分解等先进的高性能并行算法,开展蒙卡全堆精细燃耗计算研究。提出了基于综合并行的大规模燃耗计算方法,从而实现千万网格规模的燃耗计算。

(4) 大规模蒙卡燃耗中的氙平衡修正。研究了大规模燃耗计算中氙平衡修正的收敛性,提出了基于 Batch 的改进平衡氙方法及其收敛判据。

(5) 基于 pin-by-pin 燃耗的蒙卡换料方法。提出并在 RMC 中实现了基于"材料数据-几何栅元-计数器-燃耗数据"映射的大规模换料功能,从而在基于 pin-by-pin 燃耗的蒙卡燃耗后真实地模拟换料。

蒙卡随机介质精细计算的主要内容包括:

(1) 随机介质输运计算方法研究。在 RMC 中实现了重复结构随机栅格法、弦长抽样法和显式模拟法三种方法,系统比较和分析了不同方法的计算精度及效率。并提出了多种颗粒类型的弦长抽样法、弦长抽样法体积填充率的定量修正方法和带虚拟网格加速的显式模拟法。

(2) 随机介质燃料元件/组件燃耗计算方法研究。结合蒙卡燃耗计算和随机介质输运的显式模拟方法,研究以包覆颗粒作为独立燃耗区的蒙卡燃耗计算方法。

(3) 随机介质全堆燃耗计算方法研究。提出了基于虚拟网格和基于 universe(空间)的两种燃耗区合并策略,并结合蒙卡大规模燃耗计算方法,实现了弥散燃料全堆输运-燃耗计算。

最后,对本研究在 RMC 中研发的功能进行集成开发与验证。基于高保真耦合基准题 BEAVRS 和 VERA,验证高保真耦合计算能力;基于高温堆及其燃耗基准题,验证随机介质输运-燃耗计算能力。

1.4 组织结构

本书共分为 6 章。

第 1 章是引言。介绍了本书的研究背景与意义,调研国内外蒙卡全寿期高保真耦合模拟和蒙卡随机介质精细计算的研究现状,阐述研究目标与内容。

第 2 章为蒙卡物理热工耦合方法研究。着重研究蒙卡全能区在线截面处理方法和蒙卡物理热工耦合方法,从而实现全堆蒙卡/热工耦合计算,并进行数值验证。

第 3 章为蒙卡大规模燃耗及换料方法研究。研究了基于综合并行的大规模燃耗计算方法,从而实现千万网格规模的燃耗计算；并研究了大规模蒙卡燃耗中的氙平衡修正方法,从而提高蒙卡大规模燃耗计算的稳定性；最后研究了基于 pin-by-pin 燃耗的蒙卡换料功能,从而实现蒙卡精细燃耗及换料计算。

第 4 章为随机介质精细计算方法研究。主要研究随机介质的输运及燃耗计算方法,着重解决随机介质输运的精度和效率问题,对随机介质输运方法中的弦长抽样法和显式模拟法进行了改进；同时解决了随机介质燃耗计算内存占用过大的问题,基于 RMC 程序实现了随机介质组件和堆芯级别的多尺度燃耗计算。

第 5 章为高保真耦合及随机介质基准题验证与分析。将本书研究的方法及开发的功能模块应用到国际基准题,包括 MIT-BEAVRS 基准题和 CASL-VERA 基准题,以及高温气冷堆首次临界试验基准题及其燃料元件燃耗基准题,验证了 RMC 进行蒙卡全寿期高保真耦合模拟以及随机介质输运-燃耗计算的能力及准确性。

第 6 章对本书进行总结,并对后续的研究方向提出建议。

第2章　蒙卡物理热工耦合方法研究与程序开发

2.1　引　　论

物理/热工耦合是多物理耦合高保真计算的核心和基础。蒙卡物理/热工耦合是蒙卡输运程序与热工水力程序的相互耦合，可以分成四个关键部分：蒙卡输运计算中对热工反馈的处理、热工程序的建模计算与输入功率更新、耦合模式与网格对应以及耦合稳定性与加速，如图2.1所示。其中，蒙卡输运计算中对更新的热工参数的处理，在压水堆中一般考虑三种反应性反馈，如表2.1所示。

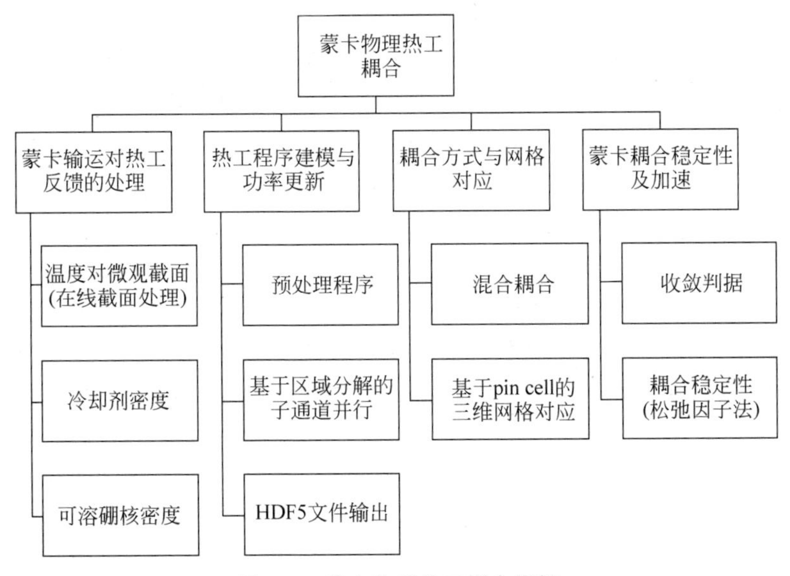

图2.1　蒙卡物理热工耦合框架

本章后续内容根据这四个关键部分进行具体叙述：2.2节介绍蒙卡输运计算中对更新的材料温度(热工反馈的重要一项)的处理方法，即温度相关截面全能区在线处理；2.3 节对 RMC 在线截面处理功能进行验证；2.4 节介绍 RMC/CTF 通用耦合，其中 2.4.1 节介绍热工反馈的另外重要两项——冷却剂密度和可溶硼核密度在蒙卡输运计算中的处理方法，2.4.2 节介绍热工水力程序 CTF，包括 CTF 的三大功能——预处理程序、基于区域分解的子通道并行和 HDF5 文件输出，2.4.3 节介绍通用耦合的耦合模式和网格对应方法，2.4.4 节介绍蒙卡耦合的收敛判据、耦合稳定性及加速方法；2.5 节为 RMC/CTF 物理热工耦合功能的验证。

表 2.1　三种反应性反馈

反馈类型	改变中子学参数
燃料和冷却剂温度	核素微观截面
冷却剂密度	冷却剂核子密度(^{1}H、^{12}O)
可溶硼密度	冷却剂中硼核子密度(^{10}B、^{11}B)

2.2　温度相关截面全能区在线处理方法

物理/热工耦合是多物理耦合高保真计算的核心和基础，而温度对核截面的影响又是热工反馈的基础。在蒙卡物理热工耦合方面，虽然国内、外进行了较多的研究，但是最大的瓶颈仍在于如何能够根据热工反馈的温度值调整蒙卡计算的材料截面数据，因此研究准确、高效且内存占用较少的蒙卡截面数据在线温度处理方法是取得突破的关键因素之一。

靶核的热运动效应(如多普勒效应)决定了对于不同温度下的截面必须采用差异化的处理方式。蒙卡截面的在线温度处理在整个中子能量段中可以分为三个能区，分别是热化能区、可分辨共振能区(RRR)和不可分辨共振能区(URR)。对于一些作为慢化剂的轻核素，如水中氢、石墨等，热能区的散射效应比较显著；而对于其他核素，共振能区(RRR 和 URR)的共振现象比较显著，如图 2.2 是 ^{235}U 的总反应截面，可以看出不同能区截面的特性不同，因此截面的温度相关处理也不同。^{235}U 在低能区主要为吸收和裂变反应，热散射现象不显著，因此图 2.2 未标注热化能区。

对于热中子堆如压水堆(PWR)和高温气冷堆(HTGR)，应该主要考虑可分辨共振能区靶核的热运动效应(即多普勒效应)，以及热化能区的热散射和束缚效应。对于快中子堆，不可分辨共振能区的温度效应同样重要。

传统的处理方法是用截面加工程序(如 NJOY)预产生一系列不同温度

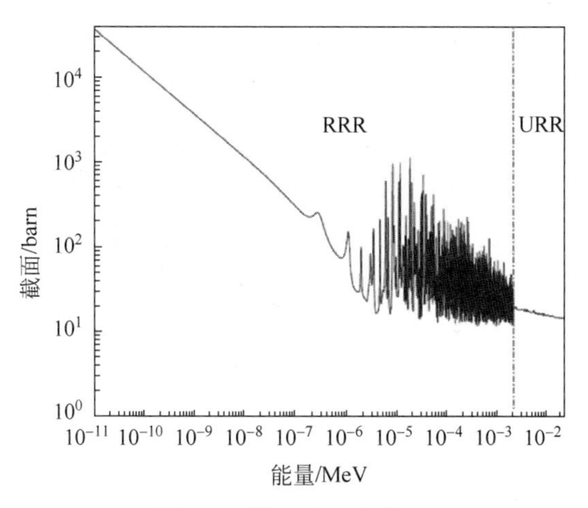

图 2.2　^{235}U 总反应截面

点的截面，存储在蒙卡程序的内存当中，在蒙卡输运过程中再根据材料的不同温度进行插值。Trumbull[67] 在研究中表明，要达到高精度的截面插值计算(即^{238}U 的微观截面每个能量点的插值误差都小于 0.1%)，温度插值间隔应该小于 28 K。在一个实际压水堆全堆的稳态模拟中，温度范围在 300～1 600 K，假设温度间隔为 28 K，材料中有 200 种核素，按照平均一个核素的截面数据占 2 MB 内存估算，存储核截面数据库的内存就将达到 18 GB 以上。而目前超级计算机如“天河二号”一个普通计算节点的内存为 64 GB，仅截面数据的存储就占用了 30%左右的硬件内存，造成了大量的内存消耗。因此，必须研究准确、高效且内存占用较少的蒙卡截面数据在线温度处理方法。

在线(on-the-fly)温度处理方法，其内涵是只使用和存储一套某个温度下的截面数据库，在中子输运过程中，根据中子的能量 E 及所处材料温度 T，在线计算出核素 i 对应的反应截面 $\sigma_i(E, T)$，从而大大减少内存消耗。三个能区中可分辨共振能区受温度影响最大，内存消耗也最多，因此 RMC 的全能区在线截面处理只存储一套 RRR 的截面。而热散射数据和不可分辨能区概率表的数据量较少，可以预先存储若干参考温度点的数据，在输运过程中进行在线插值。

2.2.1　可分辨共振能区在线截面处理

2.2.1.1　可分辨共振能区在线截面处理介绍

多普勒展宽现象是可分辨共振能区温度相关截面处理的核心问题。由于靶核的热运动，中子和靶核存在相对速度，而相对速度决定了中子和靶核发生反应的概率，即微观截面，如图 2.3 所示。

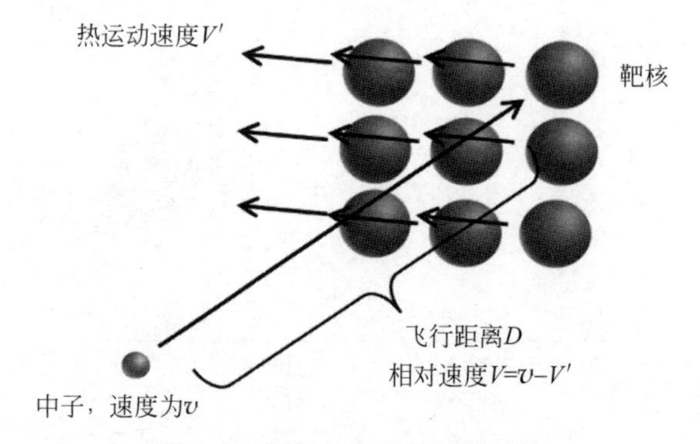

图 2.3　靶核与中子的相对运动

假设温度为 T 时，靶核的运动速度$\boldsymbol{v}'$满足麦克斯韦分布 $P(\boldsymbol{v}')$，为

$$P(v')\mathrm{d}v' = \frac{4\alpha^{3/2}}{\pi^{1/2}} v'^2 \exp(-\alpha v'^2)\mathrm{d}v' \tag{2-1}$$

其中，$\alpha = M/(2kT)$，k 是玻尔兹曼常数，M 是靶核质量。

则根据反应率守恒，可以得到温度 T 下等效截面$\bar{\sigma}(v,T)$的计算方法

$$\rho v\bar{\sigma}(v,T) = \int \mathrm{d}\boldsymbol{v}'\rho \mid \boldsymbol{v} - \boldsymbol{v}' \mid \sigma(\mid \boldsymbol{v} - \boldsymbol{v}' \mid, 0) P(\boldsymbol{v}', T) \tag{2-2}$$

其中，v 是中子速度，ρ 是核密度，$\sigma(|\boldsymbol{v}-\boldsymbol{v}'|,0)$为 0 K 下的相对速度为 $V=|\boldsymbol{v}-\boldsymbol{v}'|$时的截面。可见等效截面 $\bar{\sigma}(v,T)$是考虑了靶核速度分布的积分均值。图 2.4 为^{238}U 总截面在 6.67 eV 的共振峰随着温度变化的规律。可以看出，随着温度增加共振峰峰值降低，宽度增加，这就是所谓的多普勒展宽现象。

结合式(2-1)和式(2-2)，可得

$$\bar{\sigma}(v,T) = \frac{\alpha^{1/2}}{v^2\pi^{1/2}} \int \sigma(V,0) V^2 [\mathrm{e}^{-\alpha(v-V)^2} - \mathrm{e}^{-\alpha(v+V)^2}]\mathrm{d}V \tag{2-3}$$

令 $x^2 = \alpha V^2$，$y^2 = \alpha v^2$，代入式(2-3)可得

$$\bar{\sigma}(y) = \frac{1}{\pi^{1/2} y^2} \int_0^\infty \sigma(x) x^2 \{\mathrm{e}^{-(x-y)^2} - \mathrm{e}^{-(x+y)^2}\} \mathrm{d}x \tag{2-4}$$

再定义

$$\sigma^*(y,T) = \frac{1}{\pi^{1/2} y^2} \int_0^\infty \sigma(x, T_0) x^2 \mathrm{e}^{-(x-y)^2} \mathrm{d}x \tag{2-5}$$

式(2-4)可以拆分为两部分：

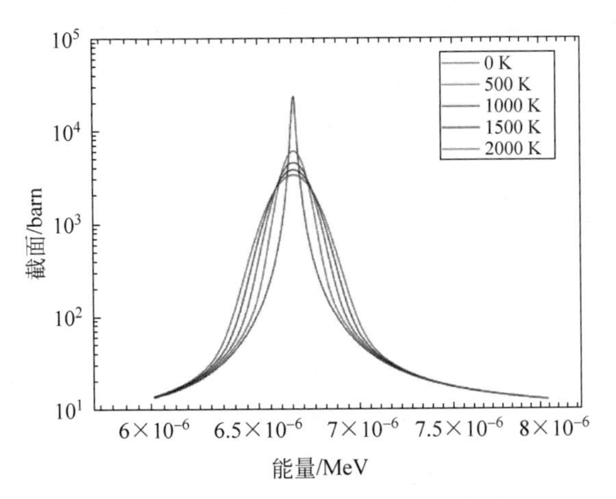

图2.4 多普勒展宽现象(见文前彩图)

$$\bar{\sigma}(y)=\sigma^{*}(y)-\sigma^{*}(-y) \tag{2-6}$$

对于式(2-5)的积分,利用点截面的线性化特性进行卷积,可以得到式(2-5)等于一系列 H_n 函数的叠加,该函数定义如下:

$$H_n(a,b)=\int_a^b z^n \mathrm{e}^{-z^2}\mathrm{d}z/\sqrt{\pi} \tag{2-7}$$

对于式(2-7)的求解,可以利用误差余函数或 Taylor 展开的方法。这就是 Cullen 和 Weisbin 在 1976 年提出的 Kernel Broadening 多普勒展宽方法(又称 SIGMA1 方法)[68],是多普勒展宽最经典和精确的方法,应用于 NJOY 程序。然而,无论是误差余函数还是 Taylor 展开都非常耗时,因此不适用于在线截面处理。

为了实现可分辨共振能区在线截面处理,国内外提出了很多方法,包括:

(1) 多极点表示(multipole representation)方法[69]。Multipole representation 方法是 MIT 提出的基于 Reich-Moore 共振公式的方法,该方法将 Reich-Moore 公式转化为极点(poles)和余数(residues)的形式,从而把 ACE 形式的点截面转化为解析的表达形式,进而把任意温度下的截面以解析形式表达。为了提高多极点方法的计算效率,又提出了窗口多极点(windowed multipole)方法。在计算效率方面,对于一个带反应率统计的 PWR 组件问题,该方法的计算时间是精确温度库的 1.59 倍[70]。然而该方法依赖 Reich-Moore 共振公式,对于更先进的 R 矩阵(R-Matrix)共振公式的适用性还没有研究。而且该方法必须依赖预先加工好的多极点参数,目前 OpenMC 中提供的多极点数据库只有 70 个核素，完整的多极点数据库还在开发当中。

(2) Stochastic sampling(随机抽样)方法[71]。Stochastic sampling 方法是 Becker 提出的一种方法，这种方法对靶核速度进行麦克斯韦分布抽样，通过随机论的方法求解多普勒展宽公式的积分，从而得到等效截面。其不足之处是对每个能量点都要进行数百次抽样。对于一个带能谱统计的 PWR 组件问题，该方法的计算时间是精确温度库的 7.49 倍[72]，效率较低。

(3) Target motion sampling(TMS)方法[73]。TMS 方法是 Serpent 程序提出的，这种方法并没有求多普勒展宽等效截面，而是通过对靶核速度进行抽样，并利用了拒绝抽样的方法，其巧妙之处在于对多普勒效应影响大的地方抽样多，影响小的地方抽样少，从而提高了抽样效率。并且经过优化后，对于一个含有 241 个核素的燃耗后的 PWR 组件，时间为 1.98 倍[74]。TMS 方法的效率很高，缺点是不能用径迹估计法[75]，同时拒绝抽样也改变了蒙卡输运，对程序改动较大。另外，Serpent 的 TMS 方法基于 delta tracking(增量追踪法)，而 RMC 采用 ray tracking(射线追踪法)。因此在 RMC 中开发 TMS 方法需要对 TMS 算法进行修改。

(4) Gauss-Hermite integration(高斯-厄米特积分)方法[76]。该方法由 Dean 等在 2011 年提出，用 Gauss-Hermite 求积组代替多普勒展宽方程中的积分，但是低能区 Gauss-Hermite 求积组不能替代多普勒积分，需要退回到 SIGMA 1 方法。其时间为精确库的 10 倍[77]。

(5) Temperature fitted method(温度拟合)方法[78]。该方法由 Yesilyurt 等在 2009 年提出，用于 MCNP 6 程序中。其核心在于把某个核素在某个能量点的某种反应类型的截面在不同温度点下进行拟合，得到拟合系数从而计算该核素该能量点该反应的各个温度下的截面。该方法时间增加为 10%，然而需要预先产生并存储各个核素所有能量点各种反应类型的截面对应的拟合系数，增加了一定的截面数据存储量。

综合考虑几种方法的效率和内存消耗，本书选取了 TMS 方法和 Gauss-Hermite integration 方法作为研究方向，并对这两个方法进行改进，从而达到在线截面处理的要求。

靶核的热运动除了会影响反应概率，即微观截面外，也会影响碰撞后中子的出射能量和角度。对传统的蒙卡程序如 MCNP，在超热区(一般认为是几个电子伏特到几十个电子伏特)采用自由气体模型处理中子的出射能量和角度，并假设在超热区微观弹性散射截面 $\sigma_s(v_{rel})$ 随相对速度 v_{rel} 的变

化可忽略，称为常截面近似(CXS)。靶核速度 V 的概率密度函数为

$$P(V,\mu_t)_{\mathrm{CXS}}=\frac{\sigma_s(v_{\mathrm{rel}},0)v_{\mathrm{rel}}p(V)}{2\sigma_s^{\mathrm{eff}}(v_n,T)v_n} \tag{2-8}$$

其中，$p(V)$为麦克斯韦分布，v_n 为中子速度，$\sigma_s^{\mathrm{eff}}(v_n,T)$为温度 T 下的等效截面，$\sigma_s(v_{\mathrm{rel}},0)$是 0 K 的弹性散射截面，在 CXS 中 $\sigma_s(v_{\mathrm{rel}},0)$为常数。

然而，对于重核如^{238}U 在 6.67 eV 存在共振峰，如图 2.4 所示。如果采用 CXS，将忽略了^{238}U 在超热区的共振弹性散射，文献[79]指出，忽略共振弹性散射将导致共振吸收的低估，且温度越高，影响越大。因此，许多蒙卡程序中都采用了多普勒展宽舍弃修正(DBRC)[79]来考虑共振弹性散射的影响。DBRC 在式(2-8)的基础上加入了拒绝抽样，靶核速度 V 的概率密度函数为

$$P(V,\mu_t)_{\mathrm{DBRC}}=C\left\{\frac{\sigma_s(v_{\mathrm{rel}},0)}{\sigma_s^{\max}(v_\xi,0)}\right\}P(V,\mu_t)_{\mathrm{CXS}} \tag{2-9}$$

其中，$\sigma_s^{\max}(v_\xi,0)$是 0 K 下的最大弹性散射截面，v_ξ 的范围是$[v_n-4/\sqrt{\alpha},v_n+4/\sqrt{\alpha}]$，$\alpha=M_t/2kT$，$M_t$ 是靶核质量。$C\{\sigma_s(v_{\mathrm{rel}},0)/\sigma_s^{\max}(v_\xi,0)\}$表示进行拒绝抽样，以 $\sigma_s(v_{\mathrm{rel}},0)/\sigma_s^{\max}(v_\xi,0)$为接收 V 和 μ_t 的概率，否则重新抽样。

RMC 中开发了 DBRC 功能，从而考虑靶核温度对碰撞后中子的出射能量和角度的影响。

2.2.1.2　基于 ray tracking 的 TMS 方法

在 RMC 中开发了基于 ray tracking 的 TMS 方法，TMS 的计算流程如下：

(1) 根据式(2-10)抽样自由程 l。ξ 是 0～1 的随机数，$\sum_{\mathrm{maj}}$ 是材料的温度相关最大截面，是该材料所有核素温度相关最大截面 $\sum_{\mathrm{maj},n}$ 之和。$\sum_{\mathrm{maj},n}$ 如式(2-11)，对于采用 delta tracking 的 Serpent 程序，T 是含有该核素 n 的所有材料的最大温度 $T_{\max}$，而对于 RMC 则只需使用中子所在栅元的温度。同时，对 Serpent 程序 $\sum_{\mathrm{maj}}$ 是所有材料温度相关最大截面的最大值，而对 RMC，$\sum_{\mathrm{maj}}$ 是中子所在栅元材料的温度相关最大截面。

$$l=-\frac{\ln(\xi)}{\sum_{\mathrm{maj}}} \tag{2-10}$$

$$\sum_{\mathrm{maj},n} = g(E,T,A_n) \max_{E_\xi \in [(\sqrt{E}-\alpha)^2,(\sqrt{E}+\alpha)^2]} \sum_{\mathrm{tot},n}^{0}(E_\xi) \tag{2-11}$$

其中，$g(E,T,A_n)$是修正因子。

$$g(E,T,A_n) = \left(1+\frac{1}{2\lambda_n(T)^2 E}\right)\mathrm{erf}(\lambda_n(T)\sqrt{E}) + \frac{\mathrm{e}^{-\lambda_n(T)^2 E}}{\sqrt{\pi}\lambda_n(T)\sqrt{E}} \tag{2-12}$$

$$\alpha = \frac{4}{\lambda_n(T)} \tag{2-13}$$

$$\lambda_n(T) = \sqrt{\frac{A}{kT}} \tag{2-14}$$

(2) 抽样碰撞核素。P_n 为核素 n 被抽中的概率。

$$P_n = \frac{\sum_{\mathrm{maj},n}(E)}{\sum_{\mathrm{maj}}(E)} = \frac{\sum_{\mathrm{maj},n}(E)}{\sum_n \sum_{\mathrm{maj},n}(E)} \tag{2-15}$$

(3) 根据自由气体模型抽样靶核速度。V_t 是靶核速度，v'是相对速度，$f_{\mathrm{MB}}(V_t)$为麦克斯韦分布。

$$f(V_t,\mu) = \frac{v'}{2v} f_{\mathrm{MB}}(V_t), \quad v' = \sqrt{v^2 + V_t^2 - 2vV_t\mu} \tag{2-16}$$

(4) 根据式(2-17)进行拒绝抽样。如果满足式(2-17)，则为真碰撞，否则为假碰撞。E'为v'对应的能量，$\sum_{\mathrm{tot},n}(E',0\ \mathrm{K})$ 为 0 K 下能量为 E' 的核素总截面，T_{cell} 为中子所在栅元的温度。

$$\xi < \frac{g_n(E,T_{\mathrm{cell}},A_n)\sum_{\mathrm{tot},n}(E',0\ \mathrm{K})}{\sum_{\mathrm{maj},n}(E)} \tag{2-17}$$

(5) 抽样反应类型。P_r 为核素 n 的反应类型 r 被抽中的概率。

$$P_r = \frac{\sum_{r,n}(E',0\ \mathrm{K})}{\sum_{\mathrm{tot},n}(E',0\ \mathrm{K})} \tag{2-18}$$

可见，RMC 与 Serpent 的 TMS 方法的最大差别在于温度相关最大截面的计算方法的不同，两者的对比如表 2.2 所示。Serpent 的 TMS 方法需要预先得到核素 n 在含有该核素的所有材料中的最大温度 $T_{\max}$，对于 PWR 三维全堆问题，温度点达百万个，当材料中核素也有数百个时，查找每个核素最大温度的耗时较大。而 RMC 中的 TMS 方法基于 ray tracking，省去了最大温度查找的过程。

表 2.2　RMC 与 Serpent 的 TMS 方法对比

程序	追踪方式	T	$\sum_{\text{maj}}$
Serpent	delta tracking	含有该核素 n 的所有材料的最大温度 $T_{\max}$	所有材料温度相关最大截面的最大值
RMC	ray tracking	中子所在栅元的温度	中子所在栅元材料的温度相关最大截面

值得注意的是，由于靶核速度的抽样及拒绝过程和 DBRC 的过程很类似，因此 TMS 方法的出射中子能量、角度分布与 DBRC 是一致的，从而可以考虑共振散射效应。

另外，RMC 中的 TMS 方法还应用到了核反应率的统计以及燃耗计算，从而考虑裂变功率的反馈和核素的燃耗。由于靶核的速度每次都是由自由气体抽样得到的，所以核反应率的统计也必须使用抽样得到的相对速度对应的截面。由于 TMS 方法不能使用径迹估计法，因此反应率统计使用了碰撞估计法。每次碰撞时（不论是真碰撞还是假碰撞），反应率 s 都根据式(2-19)进行计数。

$$s=\frac{fw}{\sum_{\text{maj}}(E)} \tag{2-19}$$

$$f=g_i(E,T)\sum_x(E',0\ \text{K}) \tag{2-20}$$

其中，w 是中子权重，f 是反应类型 x 的响应函数，可以由式(2-20)表达。式(2-20)中，E'是靶核与中子的相对能量，$\sum_x$ 用的是 0 K 时的截面，T 是核素所在材料的温度。

对于物理热工耦合计算，最重要的反应率为裂变功率。而在输运-燃耗耦合计算中，需要统计各种核素燃耗相关反应率的单群截面，从而为求解燃耗方程提供参数。

2.2.1.3　改进 Gauss-Hermite 方法

为了解决传统 Gauss-Hermite 方法的两大问题——效率较低和低能区 Gauss-Hermite 求积组不适用，本研究提出了改进 Gauss-Hermite 方法。首先介绍传统的 Gauss-Hermite 方法。

对于式(2-5)，进行变量替换 $z=x-y$，可得

$$\sigma^*(y,T)=\frac{1}{\pi^{1/2}y^2}\int_{-y}^{\infty}\sigma(z+y,T_0)(z+y)^2\mathrm{e}^{-z^2}\mathrm{d}z \tag{2-21}$$

其中，y 代表中子速度，$x=z+y$ 代表相对速度。

根据 Gauss-Hermite 多项式的形式：

$$\int_{-\infty}^{+\infty}f(z)\mathrm{e}^{-z^2}\mathrm{d}z\approx\sum_{k=1}^{n}w_k f(z_k) \tag{2-22}$$

其中，z 为求积组的取值点，n 为求积组取值点的数目，如图 2.5 所示。

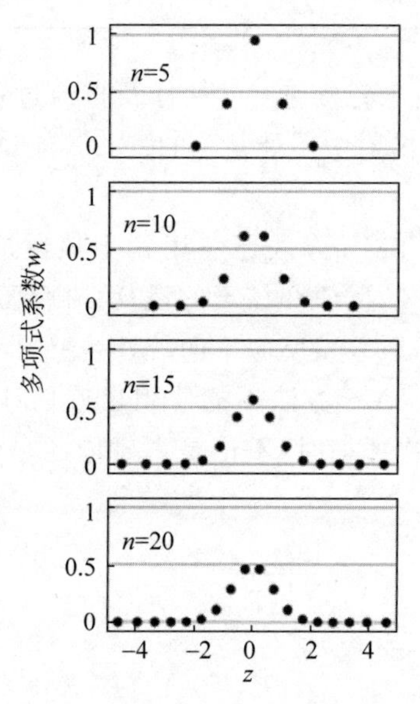

图 2.5　Gauss-Hermite 多项式求积组

对式(2-21)，注意到指数项的存在，z 的取值范围在 $-4\leqslant z\leqslant 4$ 即可。需要注意的是式(2-22)的积分下界为负无穷。因此当 y 大于 4 时，(2-21)式可以用 Gauss-Hermite 多项式表示，而 y 小于 4 时则不能。

结合 Gauss-Hermite 多项式求积组点的值以及 z 的取值范围，选取了 16 个求积组点。除了低能段的问题，16 个求积组点所在截面的查找和插值也比较耗时。

首先讨论低能段问题的解决方法。图 2.6 为 900 K 时 ^{238}U 总截面，可以看出在低能段截面是相对比较光滑的。一般地，低能散射截面变化很小，接近一个常数；而低能吸收和裂变截面服从 $1/v$ 率。如果截面服从 $1/v$ 率，代入式(2-2)可以发现展宽后截面和展宽前是一样的。

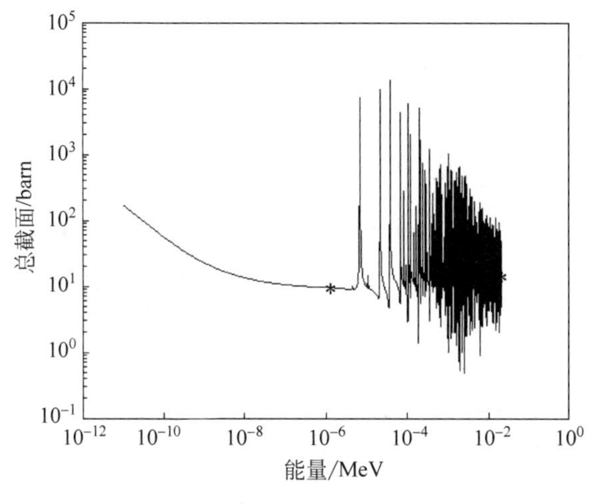

图 2.6　^{238}U 总截面(900 K)

同样,把散射截面为常数这个条件代入式(2-2),可得展宽后的截面需要乘以一个修正项,如式(2-23)所示:

$$g(E,T,A_n)=\left(1+\frac{1}{2\lambda_n(T)^2E}\right)\mathrm{erf}(\lambda_n(T)\sqrt{E})+\frac{\mathrm{e}^{-\lambda_n(T)^2E}}{\sqrt{\pi}\lambda_n(T)\sqrt{E}} \tag{2-23}$$

式(2-23)与 TMS 中的修正因子式(2-12)一致。

因此低能光滑段的划分非常重要。低能光滑段的结束点可以根据每个核素所在的最大温度下多普勒展宽的作用范围来确定。对于某个中子能量点,由于多普勒效应,相对能量可以比中子能量大,也可以比中子能量小。图 2.6 中低能光滑段结束点的查找示意图如图 2.7 所示,上界(upper)为各个中子能量点最大相对能量对应的能量网格的序号,下界(lower)则为最小相对能量对应序号。下界在中子能量低时一直为 1,是因为中子速度比靶核速度小。由于光滑段的能量网格数较少,随着下界开始增加,上界-下界此后一直下降,直到中子能量到达第一个共振峰附近。当上界接近共振峰时,由于共振峰的能量网格数较密,上界-下界开始上升,因此上界-下界的第一个局部最小值可以作为低能光滑段的结束点。在图 2.7 中,低能光滑段结束点为 1.25 eV,即图 2.6 中低能段处的星号,而从图 2.6 可以看出在 4.41 eV 附近有一个很小的峰。可见,提出的上界-下界算法可以有效地找出低能光滑段结束点。上界-下界算法经过多种核素的测试,结果表明采用

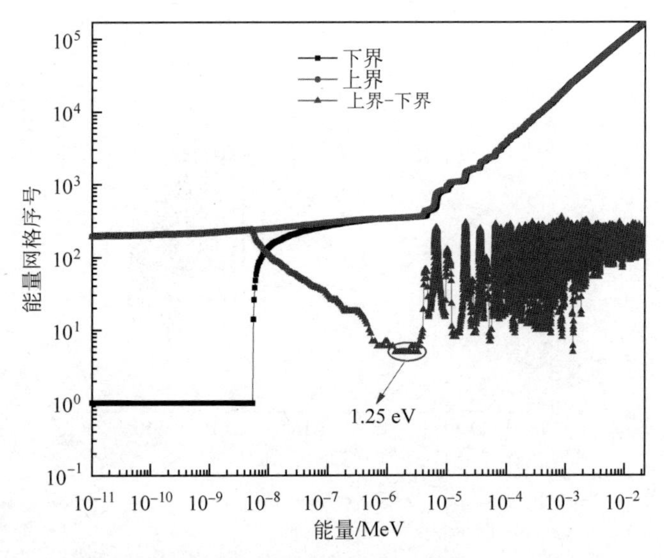

图 2.7　“低能光滑段”的结束点(见文前彩图)

此种算法均能保证找出低能光滑段结束点。

在图 2.6 中高能段处还有一个星号,称为共振段结束点。共振段结束点的查找方法与 NJOY 的处理是一致的,即可分辨共振区的上界、阈能反应对应的最小能量以及 1 MeV 三者的最小能量。

得到了低能光滑段结束点和共振段结束点,改进 Gauss-Hermite 方法的处理方式如下:

(1) 能量低于低能光滑段结束点,对基础温度库(如 0 K,或者 300 K 等)的散射截面进行修正,而吸收与裂变截面不需要展宽;

(2) 能量高于共振段结束点,则所有截面不需要展宽;

(3) 能量在低能光滑段结束点和共振段结束点之间,采用 Gauss-Hermite 方法进行截面(主要是散射、吸收和裂变截面)的展宽。

通过上述处理,对于低能光滑段,只需要对展宽后的散射截面进行修正,就可以有效避免 Gauss-Hermite 方法在低能段不适用的问题。同时式(2-19)中修正因子的计算量也比较小,从而减少了计算时间。而能量高于共振段结束点时,中子能量较大,可以不考虑多普勒效应,与 NJOY 的处理一致,也能节省调用 Gauss-Hermite 方法的计算时间。

除了低能段的问题外,本研究还提出了多普勒展宽哈希表方法,采用该方法能够提高 16 个求积组点所在截面的查找和插值的效率。RMC 中采用了哈希表方法来加速能量网格查找的速度。如图2.8所示，当前中子能量为E，哈希表先根据E找到对应的能量分箱i，然后再在能量分箱i中使用二分法查找能量E对应的网格序号，从而避免了在全能量范围进行二分查找，提高了查找的效率。本研究在此基础上提出了多普勒展宽哈希表的概念。

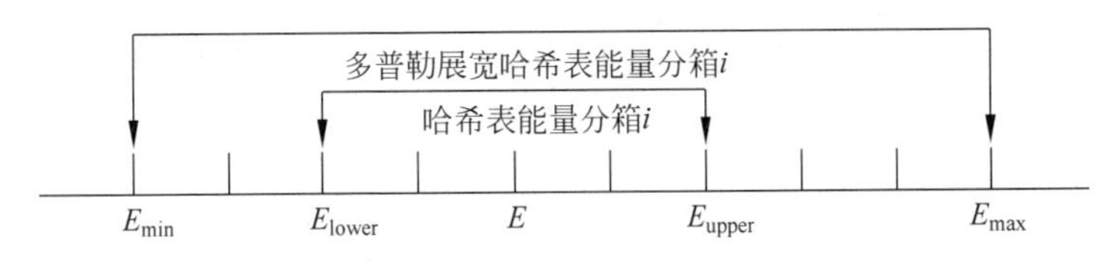

图2.8 多普勒展宽哈希表

多普勒展宽哈希表是哈希表的拓展，当哈希表确定了能量分箱i后，可以得到分箱i的能量上、下界E_{lower}和E_{upper}，而根据E_{upper}和靶核速度可以得到最大的相对能量E_{max}，根据E_{lower}和靶核速度可以得到最小的相对能量E_{min}。于是，16个求积组点所对应的能量均可以在E_{min}和E_{max}之间采用二分查找，提高了查找的效率。

2.2.2 热化能区在线截面处理

热能区的中子和靶核有相同大小的能量，导致量子效应如分子束缚和栅格效应，因此热散射效应比较复杂。热散射数据在热中子堆中有重要的影响，因为很多轻核都是热堆慢化剂的主要成分，如水中氢、石墨等。在蒙卡程序中，这些核素的热散射数据以$S(\alpha,\beta)$数据库的格式存储。

蒙卡程序中需要用到热化库的地方有两处：

(1) 计算核素各种反应截面，要用到热化库中的弹性和非弹性散射截面。

(2) 计算碰撞后中子散射的出射能量和角度，要用到热化库中的出射能量分布和角度分布。

在RMC中开发了热散射数据的在线插值功能，即输运过程在这两处需要用到截面和能量角度分布时，通过二维线性插值，得到该温度E和能量T下的截面和能量角度分布，如图2.9所示。除了一些参考温度下的热化库外，不需要存储其他温度下的热化库。

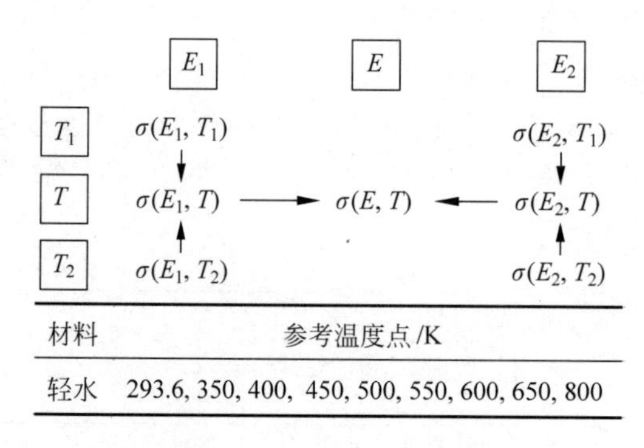

材料	参考温度点/K
轻水	293.6, 350, 400, 450, 500, 550, 600, 650, 800

图 2.9 截面在线二维插值

2.2.3 不可分辨共振能区在线截面处理

在不可分辨共振能区,每个孤立的共振峰不能通过实验区分出来。不同核素的 URR 能量范围不一样,例如^{238}U 为 4～149 keV,^{235}U 为 2.25～25 keV。针对不可分辨共振能区的特点,目前广泛采用的是无限稀释截面和概率表。无限稀释截面忽略了能量自屏蔽效应,导致对 k_{eff} 的低估。概率表是目前采用的最先进的处理不可分辨共振能区的能量自屏蔽效应的方法。在蒙卡程序中,概率表一般不是直接存储截面,而是存储了对无限稀释截面进行修正的修正因子,通过结合概率表中的修正因子和点截面中的无限稀释截面,得到不可分辨能区修正后的截面。

不可分辨能区的研究相对较少。OpenMC 程序提出了一种基于 ladder 抽样的不可分辨能区在线截面生成方法[80]。该方法精度高但是耗时,比概率表方法慢 10～20 倍。MCNP5 的 makxsf[81]程序同样有预产生不可分辨共振区截面的模块,然而由于受到 makxsf 的截面格式限制,要得到某个温度下不可分辨能区的截面,必须同时得到该温度下该核素的全部点截面数据。

从图 2.10 可以看出,由于 NJOY 在不可分辨共振能区不进行多普勒展宽,因此无限稀释截面与温度无关,可以把概率表数据从整个点截面数据中单独提取出来。根据不可分辨共振能区的特点和 ACE 截面库的格式特点,制作了新的多温度点下的概率表。通过概率表的在线插值实现不可分辨共振能区的在线截面处理。

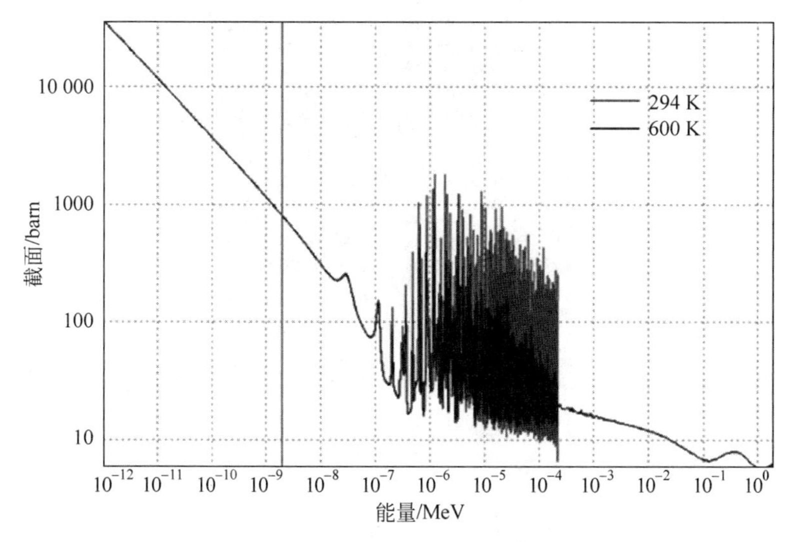

图 2.10　294 K 和 600 K 下 ^{235}U 的总截面(见文前彩图)

2.3　温度相关截面在线处理功能验证

2.3.1　可分辨共振能区

2.3.1.1　TMS 方法在 PWR 和 HTGR 算例中的验证

本节把 TMS 在线截面处理方法应用到压水堆(PWR)和高温气冷堆(HTGR)算例的计算中,对比了不同的处理方式,包括:用 0 K 的截面库、0 K 截面库加 TMS、精确温度库和精确温度库加 DBRC,其中把精确温度库加 DBRC 的结果作为参考值。这里的结果均不采用热化库。

第 1 个算例为标准压水堆组件模型,如图 2.11 所示,含有三种材料:燃料(^{235}U, ^{238}U, ^{16}O)、气隙(^{16}O)、轻水(^{1}H、^{16}O)。燃料温度为 900 K,其他材料温度为 600 K。蒙卡计算条件为每代 10 000 个中子,300 非活跃代和 700 活跃代。计算结果如表 2.3 所示,其中 σ 为蒙卡统计标准差,可以看出,0 K+TMS 与精确库+DBRC 的 k_{inf} 很接近,同时计算时间只有 11.8%的增加。另外,由于共振散射的影响,考虑了 DBRC 后 k_{inf} 会比没考虑时降低 123.5 pcm。

图 2.12 和图 2.13 比较了不同方法的能谱及相对误差(RE),可以看出 TMS 方法的能谱和参考值很接近(相对误差大部分在 10%以内),较大的相对误差只出现在通量本身很小从而蒙卡统计偏差较大的能量点处。

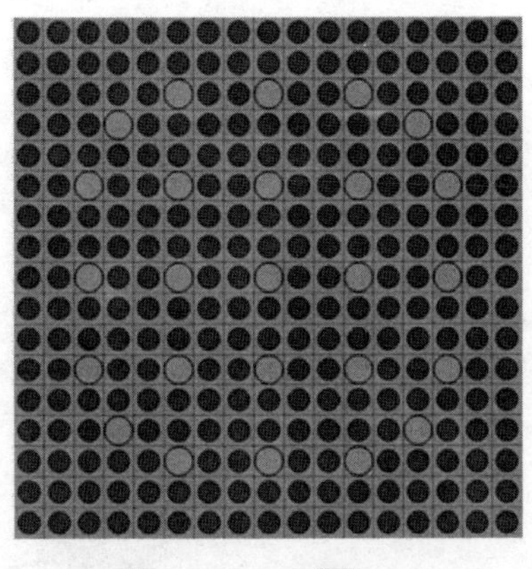

图 2.11　标准压水堆组件模型

表 2.3　压水堆组件算例的 k_{inf} 和计算时间(TMS)

参　　数	0 K	0 K＋TMS	精确库	精确库＋DBRC
k_{inf}(σ＝0.000 200)	1.453 000	1.399 793	1.401 042	1.399 807
Δk/pcm	5319.3	－1.4	123.5	0
时间/min		4.64	3.23	4.15
时间比		1.12		1.00

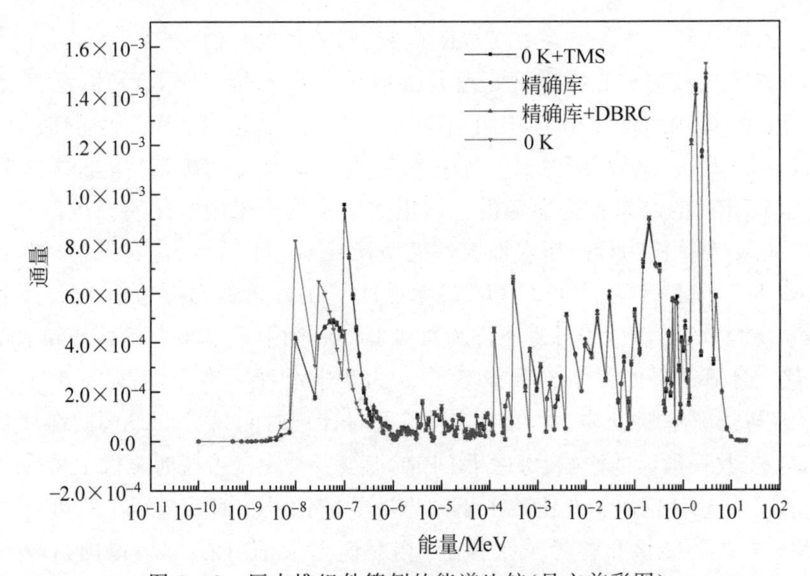

图 2.12　压水堆组件算例的能谱比较(见文前彩图)

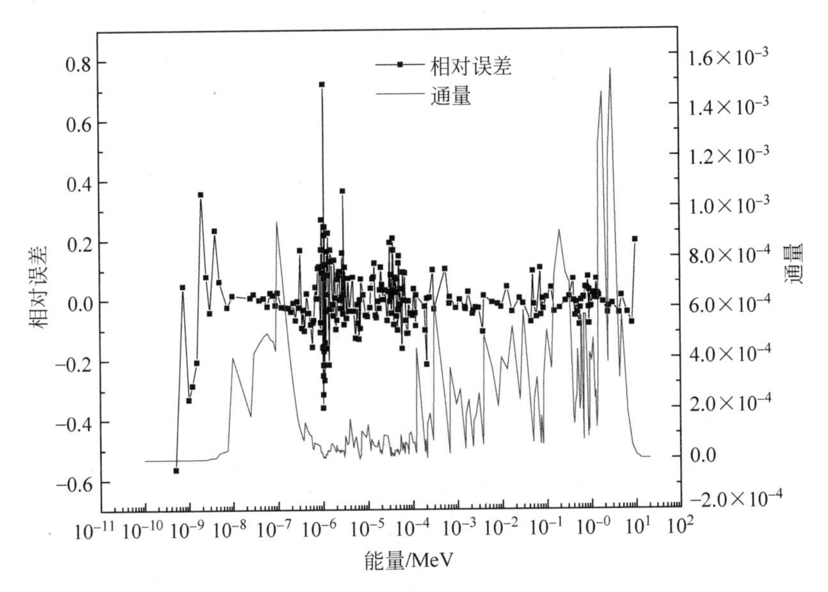

图 2.13　压水堆组件算例的能谱相对误差

第 2 个算例为 HTGR 栅格模型，TRISO 颗粒排布在 5×5×5 的规则栅格中，如图 2.14 所示，TRISO 颗粒的尺寸与组成见表 2.4。所有材料温度均为 900 K。蒙卡计算条件为每代 10 000 个中子，1500 个非活跃代和 500 个活跃代。

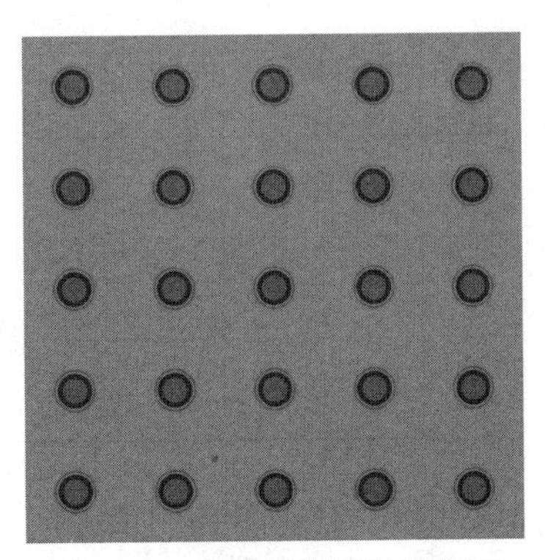

图 2.14　高温堆规则栅格模型

计算结果如表 2.5 所示，可以看出，0 K+TMS 与精确库+DBRC 的 k_{inf} 只相差 10.5 pcm。同时，由于 TMS 采用了碰撞估计器，计数频率比径迹估计器低，计算时间只有精确库+DBRC 的 75.4%。另外，考虑了 DBRC 后 k_{inf} 会比没考虑时降低 262.9 pcm。

表 2.4　TRISO 颗粒的尺寸与组成

层	半径/cm	密度/(g/cm^3)	材　　料
1	0.025	10.4	UO_2
2	0.034	1.1	$C+^{10}B+^{11}B$
3	0.038	1.9	$C+^{10}B+^{11}B$
4	0.0415	3.18	SiC
5	0.0455	1.9	$C+^{10}B+^{11}B$
基体		1.9	$C+^{10}B+^{11}B$

表 2.5　高温堆算例的 k_{inf} 和计算时间

参　　数	0 K	0 K+TMS	精确库	精确库＋DBRC
$k_{inf}(\sigma=0.000\,200)$	1.658 287	1.506 549	1.509 073	1.506 444
Δk/pcm	15 184.3	10.5	262.9	0
时间/min		128.65	135.47	170.52
时间比		0.75		1.00

同时，图 2.15 和图 2.16 说明 TMS 方法的能谱和参考值很接近(相对误差大部分在 10％以内)，较大的相对误差只出现在通量本身很小的能量点处。

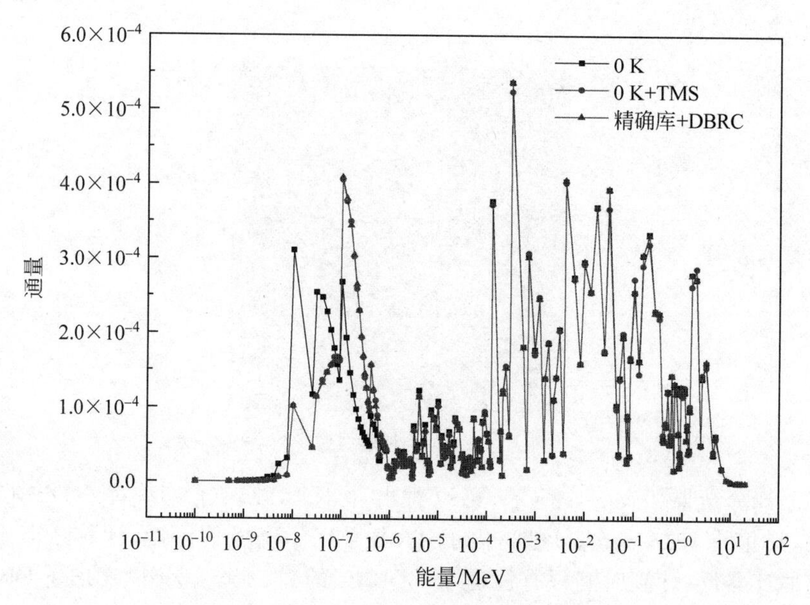

图 2.15　高温气冷堆算例的能谱比较

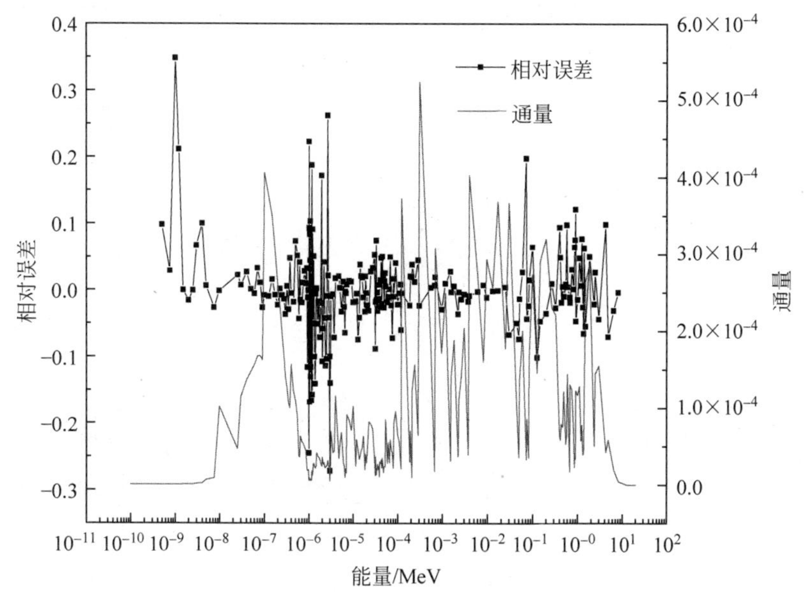

图 2.16　高温气冷堆能谱的相对误差

第 3 个算例为燃耗后的 PWR 组件。燃料的核素成分来自 PWR 组件燃耗计算中燃耗深度为 58.065 MWd/kg(HM)的燃料成分，共 134 种核素。计算结果如表 2.6 所示，可以看出 TMS 的时间增加了 23.4%，而 k_{inf} 只相差 15.4 pcm。从而证明了 TMS 方法的精度不会随着核素的增多而下降。在不进行核素反应率统计时，其效率也不会随着核素的增多而下降。同时，图 2.17 说明 TMS 方法的能谱和参考值很接近(相对误差大部分在 10%以内)，较大的相对误差只出现在通量本身很低的能量点处。

表 2.6　燃耗后 PWR 组件算例的 k_{inf} 和计算时间

参　数	0K+TMS	精确库+DBRC
$k_{inf}\pm\sigma$	0.778 787±0.000 240	0.778 941±0.000 240
Δk/pcm	−15.4	0
时间/min	28.24	22.88
时间比	1.23	1.00

第 4 个算例为带 TMS 方法的压水堆组件燃耗计算，结果如图 2.18 和表 2.7 所示。可以看出，在燃耗达到 3.387 MWd/kg(HM)之后，k_{inf} 的偏差就开始大于 3 倍标准偏差，最大偏差达到 234.9 pcm。k_{inf} 的偏差随着燃

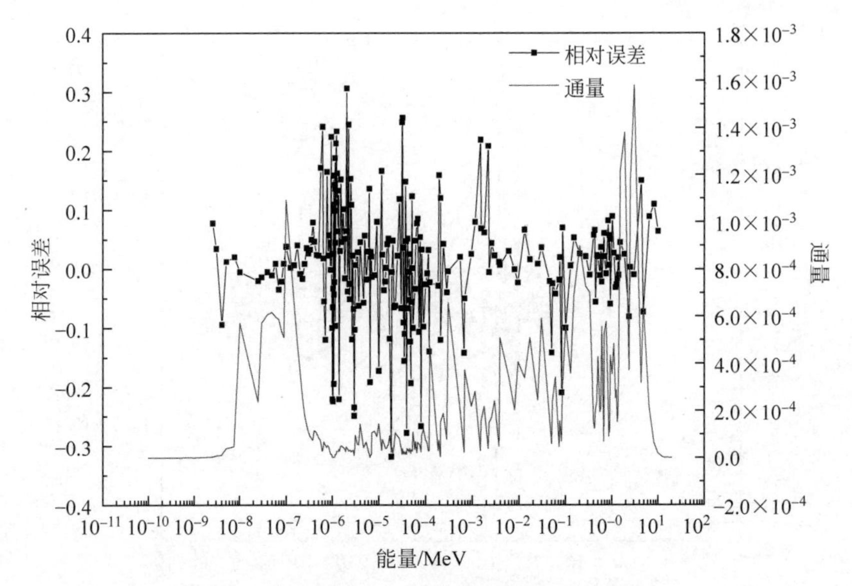

图 2.17　燃耗后 PWR 组件的能谱相对误差

耗加深而增大，其原因是前一步单群截面统计的偏差导致了燃耗计算得到的后一步核素密度的偏差，从而造成误差的传递和扩大。计算时间也随着燃耗深度而增大，最大达 3.4 倍左右。

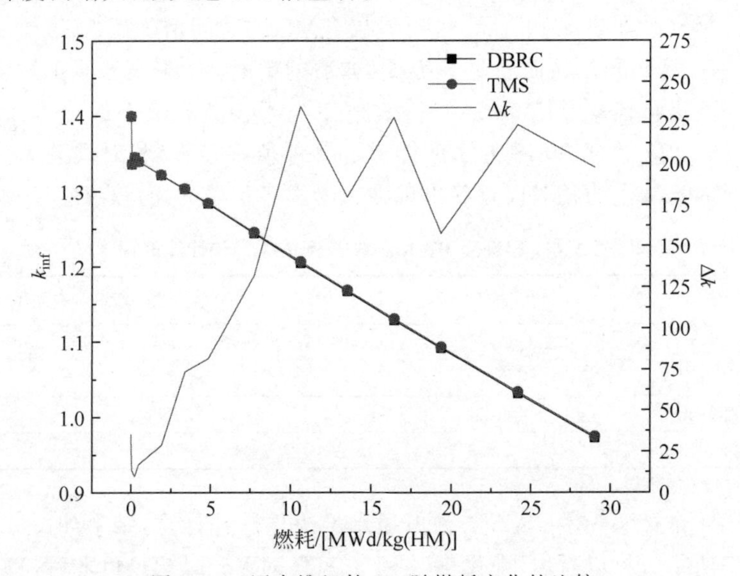

图 2.18　压水堆组件 k_{inf} 随燃耗变化的比较

表 2.7　压水堆组件 k_{inf} 随燃耗变化的比较

燃耗/[MWd/kg(HM)]	k_{inf}(标准差 σ=0.000 24)		Δk/pcm	时间比
	精确库+DBRC	0 K+TMS		
0	1.399 220	1.399 573	35.3	1.34
0.048	1.336 200	1.336 340	14.0	1.60
0.242	1.345 186	1.345 283	9.7	2.06
0.484	1.339 650	1.339 821	17.1	2.37
1.935	1.321 791	1.322 079	28.8	2.69
3.387	1.303 003	1.303 738	73.5	2.91
4.839	1.283 390	1.284 205	81.5	3.06
7.742	1.243 980	1.245 300	132.0	3.17
10.645	1.204 217	1.206 566	234.9	3.24
13.548	1.166 739	1.168 538	179.9	3.30
16.452	1.128 290	1.130 571	228.1	3.35
19.355	1.091 413	1.092 988	157.5	3.38
24.194	1.030 790	1.033 026	223.6	3.41
29.032	0.972 163	0.974 140	197.7	3.42

2.3.1.2　改进 Gauss-Hermite 方法在 PWR 算例中的验证

第 1 个算例采用图 2.11 的压水堆组件模型，蒙卡计算条件为每代 100 000 个中子，300 非活跃代和 700 活跃代。对比了三种方法：精确温度库、传统的 Gauss-Hermite 多项式方法(GHQ)和改进 Gauss-Hermite 多项式方法(IGHQ)，均不考虑 DBRC。计算结果如表 2.8 所示，可见改进 Gauss-Hermite 方法和 Gauss-Hermite 方法的 k_{inf} 误差都接近 1 倍标准差，Gauss-Hermite 方法的时间是精确库的将近 10 倍，与文献[77]结论一致。而改进 Gauss-Hermite 方法时间只增加了 10%，效率上与 TMS 方法差不多。

表 2.8　压水堆组件算例的 k_{inf} 和计算时间(Gauss-Hermite 方法)

参　数	精　确　库	改进 Gauss-Hermite 方法	Gauss-Hermite 方法
$k_{inf}\pm\sigma$	1.400 922±0.000 058	1.400 999±0.000 058	1.400 916±0.000 058
Δk/pcm	0	7.7	−6.0
时间/min	13.65	15.06	126.50
时间比	1.00	1.10	9.27

图 2.19 说明改进 Gauss-Hermite 方法的能谱和参考值很接近。由于本算例粒子数较图 2.13 多，所以大部分相对误差在 5%以内。较大的相对误差只出现在通量本身很小的能量点处。

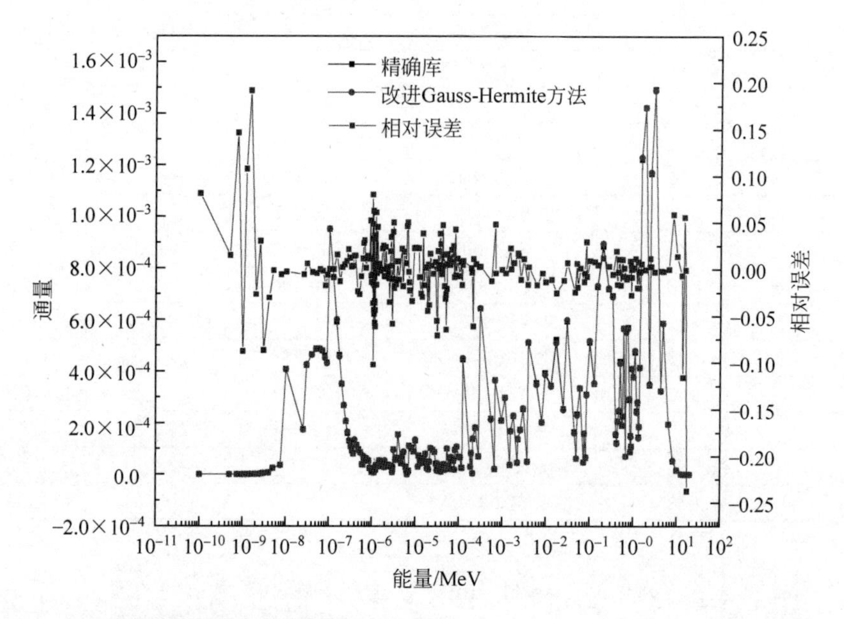

图 2.19　压水堆组件算例的能谱相对误差（改进 Gauss-Hermite 方法）（见文前彩图）

第 2 个算例为燃耗后（58.065 MWd/kg(HM)）的 PWR 组件，与表 2.6 的算例一样共 134 种核素。不同的是，此次计算还增加了燃料中核素的燃耗相关单群截面统计，因此相当于输运-燃耗耦合计算进行到 58.065 MWd/kg(HM)的一步输运计算。

计算结果如表 2.9 所示，可以看出改进 Gauss-Hermite 方法的时间增加了 29%，而 k_{inf} 只相差 6.5 pcm。传统 Gauss-Hermite 方法的时间是精确

表 2.9　带单群截面统计的燃耗后 PWR 组件算例的 k_{inf} 和计算时间

参　数	精　确　库	改进 Gauss-Hermite 方法	Gauss-Hermite 方法
$k_{\mathrm{inf}}\pm\sigma$	0.781 292±0.000 059	0.781 229±0.000 059	0.781 285±0.000 059
Δk/pcm	0	−6.5	−0.7
时间/min	121.44	156.87	418.90
时间比	1.00	1.29	3.45

库的3.45倍。改进Gauss-Hermite方法在带燃耗相关单群截面统计的输运计算的效率比TMS方法(1.98倍)[74]和OpenMC的Multipole方法(1.59倍)[70]高,因此更适合应用于输运-燃耗耦合计算。

2.3.2 热化能区

采用图2.11的PWR算例对热散射数据在线插值方法进行研究。其中,水的温度为600 K,以600 K的$S(\alpha,\beta)$库的结果作为参考值。热散射数据的在线插值是基于650 K和550 K $S(\alpha,\beta)$库的线性插值。计算了四种情况,包括600 K $S(\alpha,\beta)$库、550 K $S(\alpha,\beta)$库、650 K $S(\alpha,\beta)$库和基于650 K/550 K $S(\alpha,\beta)$库的在线插值,k_{inf}和时间比较如表2.10所示。可以看出,使用在线插值的结果与参考值最接近,同时计算时间也没有明显改变。

表2.10　热散射数据插值的k_{inf}和时间比较

情况类型	$k_{inf}\pm\sigma$	Δk/pcm	时间/min
600 K $S(\alpha,\beta)$库(参考)	1.398 748±0.000 20	0	3.22
550 K $S(\alpha,\beta)$库	1.399 138±0.000 20	39.0	3.17
650 K $S(\alpha,\beta)$库	1.397 645±0.000 20	−110.3	3.23
在线插值	1.398 427±0.000 20	−32.1	3.21

图2.20和图2.21对能谱及其相对误差进行了比较,考虑到^{1}H在$S(\alpha,\beta)$库中的非弹性散射阈能为9.15 eV,因此只比较了10 eV以下的能谱。可以看出在线插值的相对误差最小。从图2.21可以看出,在线插值的能谱与600 K $S(\alpha,\beta)$库的参考结果基本上重合了,相对误差大部分在5%以内,误差较大的地方均出现在通量很小处。

同时,可以把可分辨共振能区的TMS方法(或改进Gauss-Hermite方法)和热化区在线插值相结合。还是以图2.11的压水堆组件为算例。在表2.3的0 K+TMS和精确库+DBRC的基础上,增加TMS+在线$S(\alpha,\beta)$和精确库+DBRC+$S(\alpha,\beta)$。在线$S(\alpha,\beta)$是用650 K和550 K的$S(\alpha,\beta)$插值得到600 K的$S(\alpha,\beta)$,而精确库+DBRC+$S(\alpha,\beta)$直接使用600 K的$S(\alpha,\beta)$,以此作为参考值,计算结果如表2.11所示。通过对比可以发现,考虑了$S(\alpha,\beta)$的k_{inf}会减小297.1 pcm。TMS+在线$S(\alpha,\beta)$和精确库+DBRC+$S(\alpha,\beta)$的k_{inf}相差45.7 pcm,而计算时间只增加了6.7%。

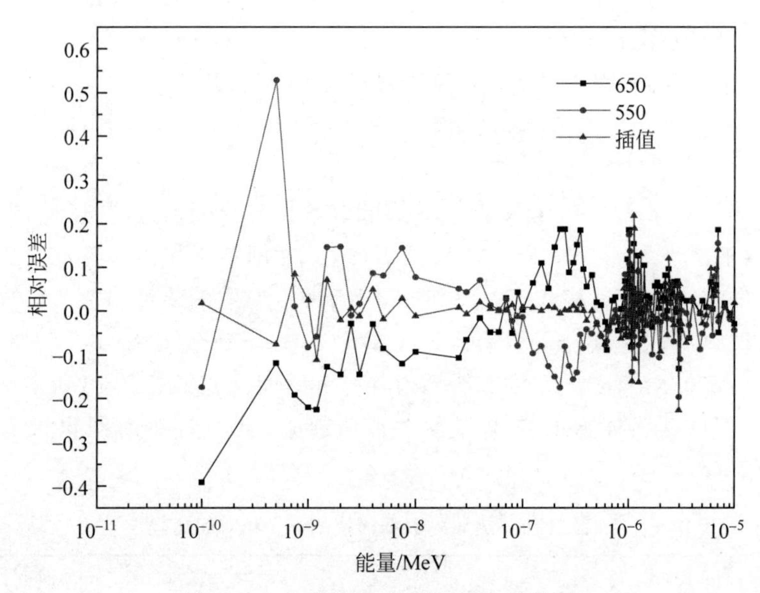

图 2.20　能谱的相对误差(见文前彩图)

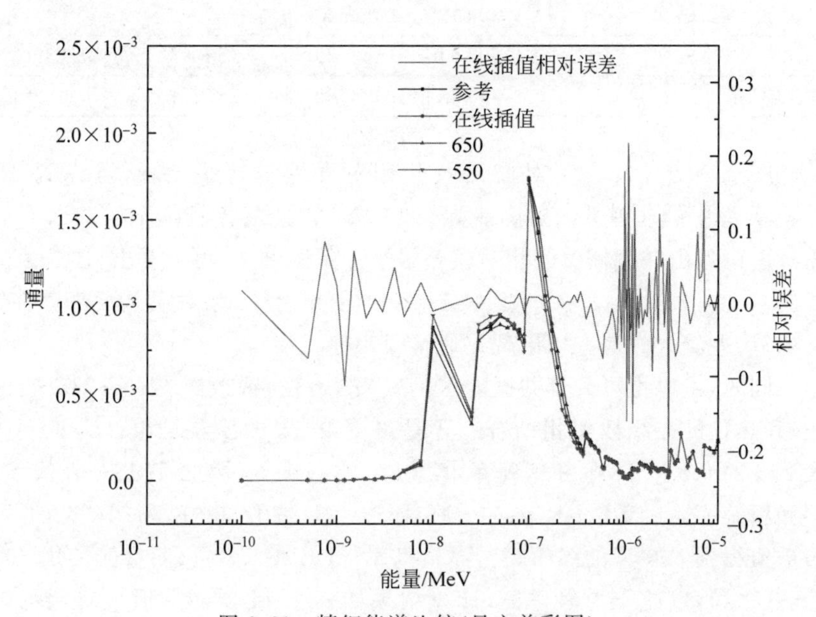

图 2.21　精细能谱比较(见文前彩图)

表 2.11　热化区插值与可分辨区处理相结合的 k_{inf} 和时间比较

参　数	0 K＋TMS	精确库＋DBRC	TMS＋在线 $S(\alpha,\beta)$	精确库＋DBRC＋600 K $S(\alpha,\beta)$
k_{inf}(σ＝0.000 217)	1.399 793	1.399 807	1.397 293	1.396 836
Δk/pcm	295.7	297.1	45.7	0
时间/min	4.64	4.15	4.14	3.88
时间比	1.20	1.07	1.07	1.00

2.3.3　不可分辨共振能区

首先本节进行了微观比较。分别产生了 500 K、600 K 和 700 K 的概率表，以 600 K 的概率表为参考，用 500 K 和 700 K 的概率表来插值产生 600 K 的概率表。对比了两种插值方式，分别是线性-线性和线性-对数插值，其中线性-对数是 makxsf 程序中使用的。选取了 ^{235}U 在 2.25 keV 的弹性散射截面的概率表进行比较，如图 2.22 所示。可见两种插值方式的结果很接近，与 600 K 概率表的相对误差都在 1％以内。考虑到线性-线性插值较低的计算成本，因此选用了线性-线性插值。

本节对 500 K 和 700 K 的概率表，以及用 500 K＋700 K 插值的概率表分别与 600 K 的概率表进行了比较，如图 2.23 所示。可以看出插值的结果的相对误差比用临近两个温度概率表的相对误差要小。

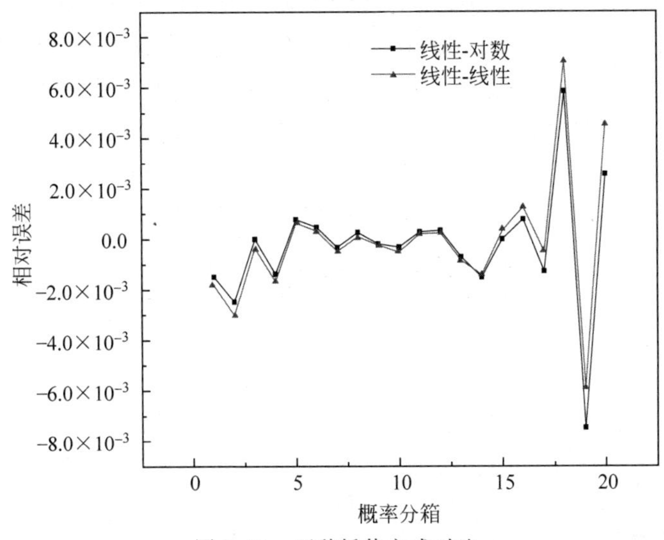

图 2.22　两种插值方式对比

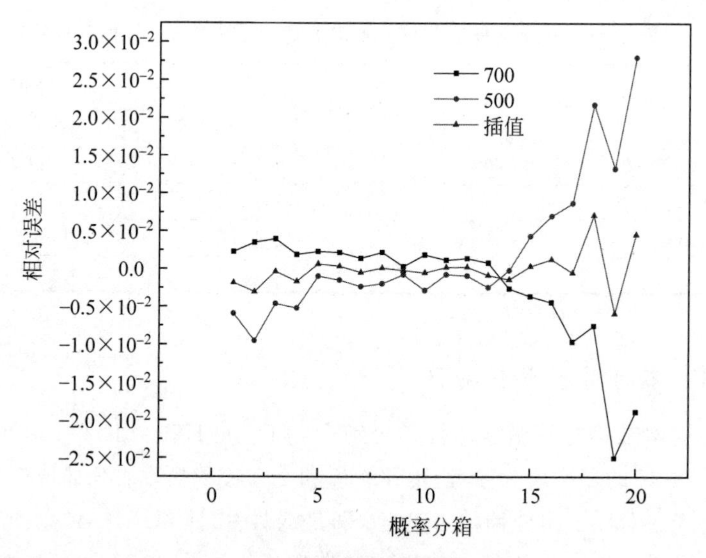

图 2.23　不同概率表的相对误差

宏观比较方面，对典型快谱实验元件 Big Ten 进行了计算，含有^{234}U、^{235}U 和^{238}U 三种核素，温度均为 600 K。对六种情况进行了计算：600 K XS+PT(500+700)是概率表插值，600 K XS+500 K PT、600 K XS+600 K PT 和 600 K XS+700 K PT 分别是用 500 K、600K、700 K 的概率表，600 K XS+NO_PT 是不采用概率表，0 K TMS+PT (500+700)是可分辨共振能区采用 TMS 方法，并结合概率表插值，计算结果如表 2.12 所示。可以看出，插值的结果比用 500 K 和 700 K 概率表更接近 600 K 概率表的结果，同时，TMS 方法结合概率表插值的结果也与参考值非常接近。图 2.24 比较了不可分辨共振能区的能谱，由图可以看出最大相对误差在 1%以内，插值的结果与精确温度概率表非常接近。图 2.25 比较了相对误差和蒙卡的统计相对偏差，可以看出，能谱相对误差基本都在 3 倍蒙卡统计相对偏差以内。

表 2.12　概率表插值的 k_{inf} 和时间比较

情况类型	$k_{\text{inf}}\pm\sigma$	Δk/pcm	时间/min
600 K XS+PT(500+700)	0.995 073±0.000 082	−12.0	7.55
600 K XS+600K PT(参考)	0.995 193±0.000 082	0	7.05
600 K XS+NO_PT	0.993 422±0.000 082	−177.1	6.13
600 K XS+500 K PT	0.995 689±0.000 082	49.6	7.04
600 K XS+700 K PT	0.994 946±0.000 082	−24.7	7.14
0 K TMS+PT(500+700)	0.995 126±0.000 082	−6.7	10.91

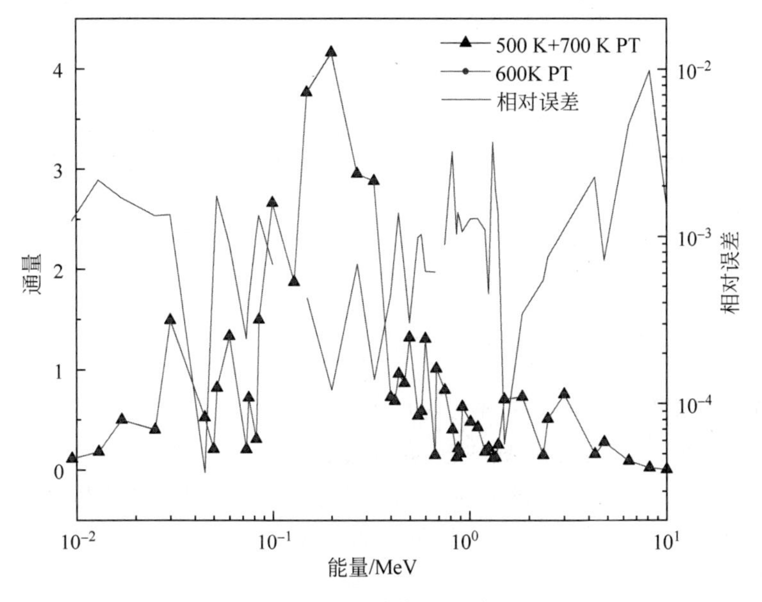

图 2.24　不可分辨区能谱比较

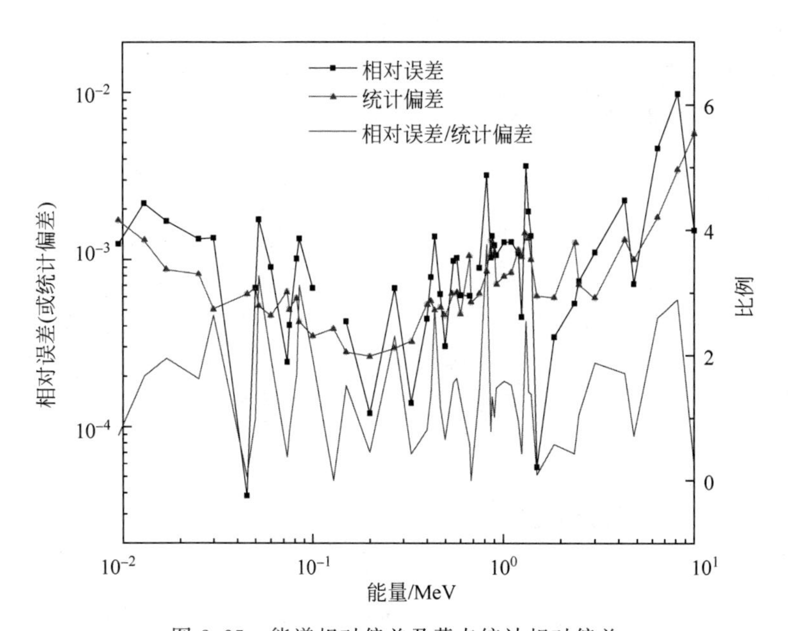

图 2.25　能谱相对偏差及蒙卡统计相对偏差

2.4 RMC/CTF 通用耦合

反应堆运行时中子学与热工水力学是相互耦合和相互作用的。在蒙卡物理热工耦合中,蒙卡程序提供堆芯功率分布,而热工水力程序提供温度与密度分布。传统的耦合往往只能针对特定问题,物理和热工程序的建模都是比较固定的,通用性较差。本书开发了基于 RMC/CTF 的通用耦合程序,从而实现多尺度、灵活的 pin-by-pin 耦合计算。

2.4.1 蒙卡输运中的热工反馈处理

压水堆中一般考虑三种反应性反馈,如表 2.1 所示。首先是燃料和冷却剂温度反馈,对中子物理的影响体现在核素的微观截面,该反馈可通过本书 2.2 节的在线截面处理方法实现。热工反馈的另外重要两项是冷却剂和可溶硼的密度,对中子物理的影响体现为对冷却剂核子密度和其中的硼核子密度的影响,最终反映在对冷却剂的宏观截面的影响上。

由于在压水堆中可溶硼浓度的表示形式为可溶硼在硼水中的质量份额(即 10^{-6}(ppm)),因此^{10}B、^{11}B 和^{1}H、^{12}O 核子密度的变化比例是相同的。冷却剂密度和可溶硼密度的变化可通过对冷却剂的宏观截面乘以一个系数得到,如式(2-24)所示:

$$\sum(T)=(\sigma_{1_{\mathrm{H}}}N_{1_{\mathrm{H}}}+\sigma_{12_{\mathrm{O}}}N_{12_{\mathrm{O}}}+\sigma_{10_{\mathrm{B}}}N_{10_{\mathrm{B}}}+\sigma_{11_{\mathrm{B}}}N_{11_{\mathrm{B}}})\frac{\rho(T)}{\rho(T_{\mathrm{in}})} \tag{2-24}$$

系数 $\rho(T)/\rho(T_{\mathrm{in}})$为水在温度 T 的密度与水在入口温度 T_{in} 的密度之比。$\rho(T)$根据 CTF 计算得到,$\rho(T_{\mathrm{in}})$为已知输入值,核素的核子密度 N 均为入口温度 T_{in} 对应的值。由于冷却剂中每个核素的核子密度都乘以同一个系数,因此在中子输运过程中,只需在抽样中子飞行距离时根据式(2-24)对宏观截面进行更新,不需要对冷却剂中每个核素的核子密度进行更新。

2.4.2 热工水力程序 CTF

热工水力程序采用子通道程序 CTF。CTF 的全称是 coolant boiling in rod arrays-two fluid,其前身是经典的轻水堆子通道程序 COBRA。北卡罗来纳州立大学的 Avramova 团队在 COBRA 的基础上,通过进一步开发和优化,发展成了 CTF 程序。在 CASL 项目中,CTF 成为 VERA 计算平台的热工水力计算核心。

CTF程序的重要改进之一是开发了预处理程序。COBRA原有的输入文件采用卡片式输入，没有清晰的输入提示；所有参数都在一个输入文件中，对于一个全堆算例，输入文件deck.inp可达20多万行；而且通道-通道间和通道-棒之间的关系都需要用户手动输入，对于全堆算例这些关系十分复杂。而预处理程序可以通过geo.inp、power.inp、assem.inp及control.inp四个输入文件，根据轻水堆的几何特点，构建出全堆复杂的连接关系，最终生成庞大的deck.inp文件。这四个输入文件的输入都有详细的输入提示，只需要输入一些必需的参数，因此行数很少，大大降低了建模的复杂度。

另一个重要改进是增加了基于区域分解的子通道并行计算[82]，CTF的并行策略是将一个组件作为一个区域，并分配一个计算核心。区域间通过虚拟实体(例如虚拟通道)进行数据交换。这一改进大大提高了全堆pin-by-pin子通道计算的效率，解决了全堆子通道计算量大的问题。

另外，CTF提供了HDF5格式的输出文件，采用层级结构储存数据，如图2.26所示，便于海量计算结果的处理。

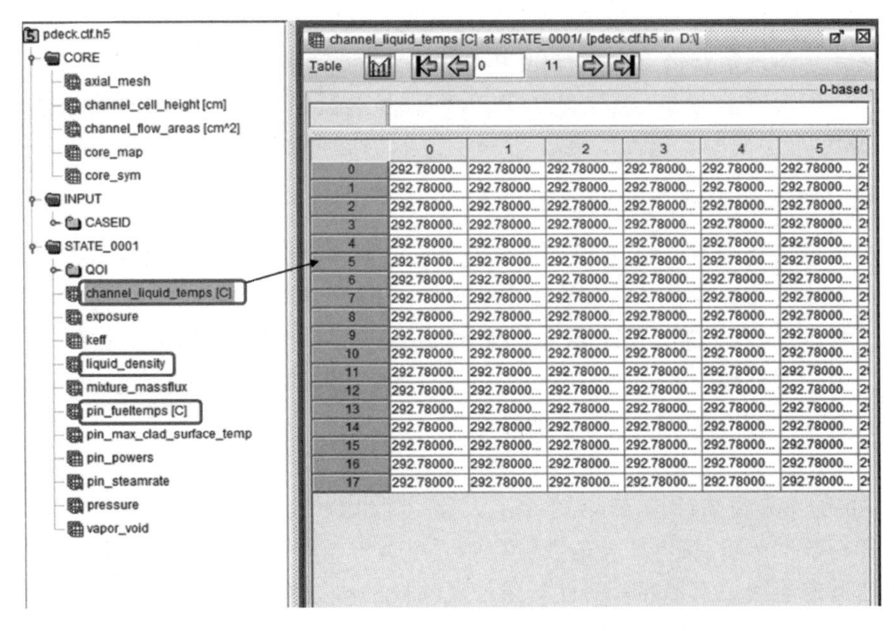

	0	1	2	3	4	5
0	292.78000...	292.78000...	292.78000...	292.78000...	292.78000...	292.78000...
1	292.78000...	292.78000...	292.78000...	292.78000...	292.78000...	292.78000...
2	292.78000...	292.78000...	292.78000...	292.78000...	292.78000...	292.78000...
3	292.78000...	292.78000...	292.78000...	292.78000...	292.78000...	292.78000...
4	292.78000...	292.78000...	292.78000...	292.78000...	292.78000...	292.78000...
5	292.78000...	292.78000...	292.78000...	292.78000...	292.78000...	292.78000...
6	292.78000...	292.78000...	292.78000...	292.78000...	292.78000...	292.78000...
7	292.78000...	292.78000...	292.78000...	292.78000...	292.78000...	292.78000...
8	292.78000...	292.78000...	292.78000...	292.78000...	292.78000...	292.78000...
9	292.78000...	292.78000...	292.78000...	292.78000...	292.78000...	292.78000...
10	292.78000...	292.78000...	292.78000...	292.78000...	292.78000...	292.78000...
11	292.78000...	292.78000...	292.78000...	292.78000...	292.78000...	292.78000...
12	292.78000...	292.78000...	292.78000...	292.78000...	292.78000...	292.78000...
13	292.78000...	292.78000...	292.78000...	292.78000...	292.78000...	292.78000...
14	292.78000...	292.78000...	292.78000...	292.78000...	292.78000...	292.78000...
15	292.78000...	292.78000...	292.78000...	292.78000...	292.78000...	292.78000...
16	292.78000...	292.78000...	292.78000...	292.78000...	292.78000...	292.78000...
17	292.78000...	292.78000...	292.78000...	292.78000...	292.78000...	292.78000...

图2.26　CTF的HDF5输出文件

基于蒙卡程序 RMC 和子通道程序 CTF 的精细建模和计算，并结合新的耦合模式和网格对应方式，可以实现压水堆棒/组件/全堆芯多尺度的、不同堆芯排布的灵活的 pin-by-pin 耦合计算。

2.4.3　耦合方式与网格对应

2.4.3.1　耦合方式

物理热工耦合传统上可以分为内耦合和外耦合。内耦合即把物理程序和热工程序编译成同一个可执行文件，两个程序通过内存进行数据传递。而纯粹的外耦合则把物理程序和热工程序作为独立的程序，同时通过一个第三方的接口程序进行任务的调度，物理程序和热工程序都通过文本输出进行数据传递。传统的外耦合及内耦合模式都有各自的优缺点，内耦合数据传递方便，但是对物理程序和热工程序在程序语言上的兼容性要求较高，对程序改动较大。外耦合简单易行，不需要对物理程序和热工程序进行改动，但是受文本读写限制，通用性较差。

针对 RMC 和 CTF 的耦合，由于 RMC 基于 C++ 语言，而 CTF 基于 Fortran 语言，同时 RMC 和 CTF 各自又需要具有多种不同功能的库的支持（如 HDF5、MPI、LAPACK 等），因此纯粹的内耦合有一定难度。本研究采用了新的混合耦合模式，以克服内、外耦合的缺点。

混合耦合模式，其实质是以 RMC 为主程序，调用 CTF 程序，这样 RMC 程序同时也起到了接口程序的作用，因此可以直接调用 RMC 计算得到的功率分布 $\dot{Q}$，并把 $\dot{Q}$ 转化为 CTF 需要的功率输入文件“power. inp”，再通过预处理器把“power. inp”转化为“deck. inp”文件。CTF 根据 $\dot{Q}$ 计算出密度分布 ρ 和温度分布 T，RMC 读取 CTF 计算出的 HDF5 格式的输出文件，把温度和密度信息存入内存，然后进行下一次 RMC 计算，如图 2.27 所示。混合耦合的流程如图 2.28 所示。耦合采用功率分布作为收敛判据，耦合收敛分析在 2.4.4 节详细讨论。

RMC/CTF 通用耦合的实现得益于 CTF 的 HDF5 输出。对于全堆 pin-by-pin 精细计算，CTF 产生了大量的输出数据，如果采用普通文本文件进行数据传输，文本文件的数据存储顺序对于不同问题并不统一（不同问题通道的连接关系不同），而且不同尺度问题的棒数和通道数也不相同，因此如果基于文本文件很难使耦合程序具有通用性。

而 HDF5 格式采用层级结构数据储存的方式，对于不同问题数据的存

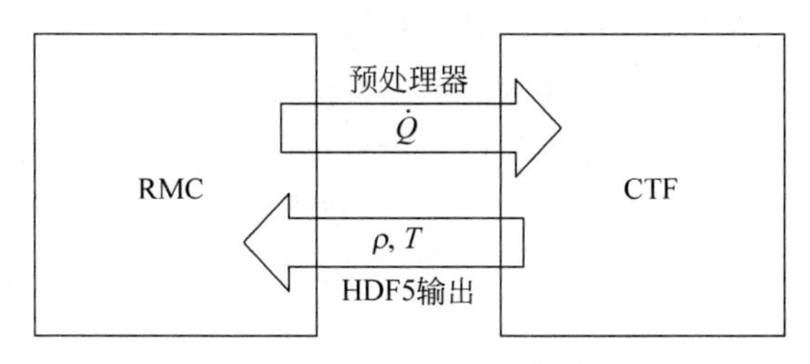

图 2.27　RMC/CTF 耦合

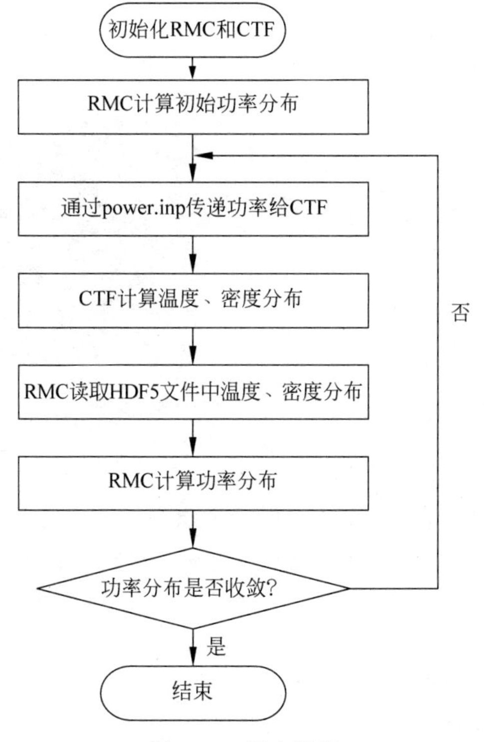

图 2.28　耦合流程

储顺序是统一的，如图 2.26 所示。同时 HDF5 文件提供了很多 C++的接口函数，可以读取多维数组的数组大小，为通用耦合提供了便利。

结合 CTF 的预处理器和 HDF5 输出文件以及 RMC/CTF 的网格对应方法，混合耦合可以实现通用的耦合模式。

2.4.3.2　网格对应方法

由于精细建模，网格数目达到数百万，必须采用有效合理的方法进行物理和热工程序之间的网格对应，从而进行数据传递。同时为了实现通用耦合，必须采用更为灵活通用的网格对应方法。

RMC 的中子输运基于 ray tracking，即中子飞行到不同栅元的边界就会停下来，根据下一个栅元的宏观截面进行飞行距离抽样。在热工耦合的情况下，活性区的不同栅元具有不同的温度，同时冷却剂栅元的密度也各不相同。裂变功率在燃料棒中产生，燃料棒外是冷却剂，从而构成一个燃料棒栅格(pin cell)，燃料棒栅格在轴向还会被划分成不同的轴向网格，从而构成三维的网格。这样的网格划分可以同时用于 RMC 和 CTF，因此 RMC 和 CTF 间的网格对应就是基于这种 pin cell 的三维网格，如图 2.29 所示。

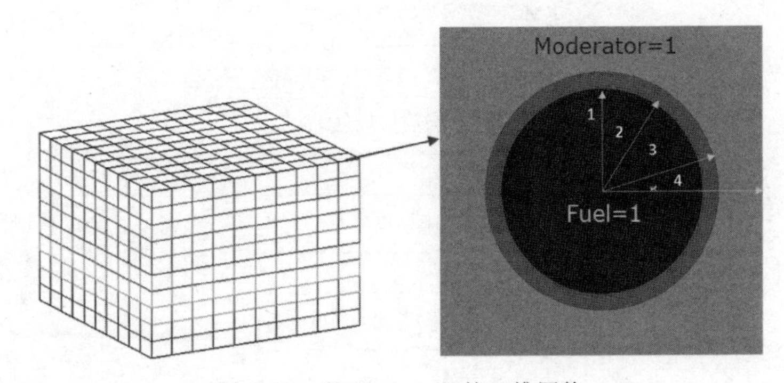

图 2.29　基于 pin cell 的三维网格

基于这个三维网格，RMC 中创建了四个三维矩阵，分别用来存储燃料温度、冷却剂温度、冷却剂密度和裂变功率。它们在矩阵中的存储位置根据 pin cell 在全堆中的序号来确定。另外还增加了两个栅元属性："Fuel＝1"用来标记燃料栅元，"Moderator＝1"用来标记冷却剂栅元。

在中子输运过程中，如果中子位于标记为燃料或冷却剂的栅元，则该材料的温度可以根据中子所在网格的位置在温度三维矩阵中查找，如果位于冷却剂栅元其密度还可以在密度三维矩阵中查找。而其他没有标记的栅元的温度和密度则由用户输入。RMC 采用网格计数器统计裂变功率的分布。

2.4.4　蒙卡物理热工耦合稳定性及加速研究

2.4.4.1　收敛判据

在蒙卡物理热工耦合中，由于蒙卡程序的统计不确定度，耦合的收敛判据有其特殊之处。蒙卡功率统计的不确定度,使得热工程序计算出的温度和密度也有不确定度,因此耦合的收敛程度与蒙卡的统计不确定度相关,即与蒙卡模拟的中子历史数目相关。在不同的中子历史数目下,必须采用与蒙卡统计不确定度相关的收敛判据。

2.4.3.1 节提到,RMC/CTF 耦合采用功率分布作为收敛判据,原因是裂变功率是由 RMC 统计得到的,可以定量给出其统计不确定度,根据统计不确定度给出相应的收敛判据。假设功率分布为 P_m^n, $m=1,2,\cdots,M$,其中 n 为迭代次数,m 为网格序号,M 为网格总数,则两次相邻迭代该网格的功率相对变化 RE 为

$$\mathrm{RE}_m^n = \left| \frac{P_m^n}{P_m^{n-1}} - 1 \right| \tag{2-25}$$

功率相对变化的平均值为

$$\mathrm{RE}_{\mathrm{ave}} = \sqrt{\frac{(\mathrm{RE}_1^n)^2 + (\mathrm{RE}_2^n)^2 + \cdots + (\mathrm{RE}_M^n)^2}{M}} \tag{2-26}$$

而对于网格功率的统计不确定度 RD,RD_m^n 为第 n 次迭代、第 m 个网格的功率统计不确定度的相对值,其平均值为

$$\mathrm{RD}_{\mathrm{ave}} = \sqrt{\frac{(\mathrm{RD}_1^n)^2 + (\mathrm{RD}_2^n)^2 + \cdots + (\mathrm{RD}_M^n)^2}{M}} \tag{2-27}$$

于是迭代的收敛判据为

$$\mathrm{RE}_{\mathrm{ave}} \leqslant \mathrm{RD}_{\mathrm{ave}} \tag{2-28}$$

2.4.4.2　耦合稳定性

在蒙卡输运与 CTF 进行 pin-by-pin 精细网格耦合计算时,由于蒙卡的统计不确定度和热工耦合的非线性反馈,采用简单的 Picard 迭代会出现类似蒙卡输运-燃耗耦合计算中的数值振荡问题。由 BEAVRS 全堆基准题功率振荡的情况也可知功率在相邻两次迭代之间来回振荡。因此在进行蒙卡物理热工耦合时,必须对耦合迭代算法进行改进,增加其稳定性。

物理热工耦合中功率更新方式如图 2.30 所示,其中 Φ_n 表示上一代传给 CTF 的功率;$R(\Phi_n)$表示 Φ_n 经过 CTF 计算得到热工参数分布 T_{n+1},

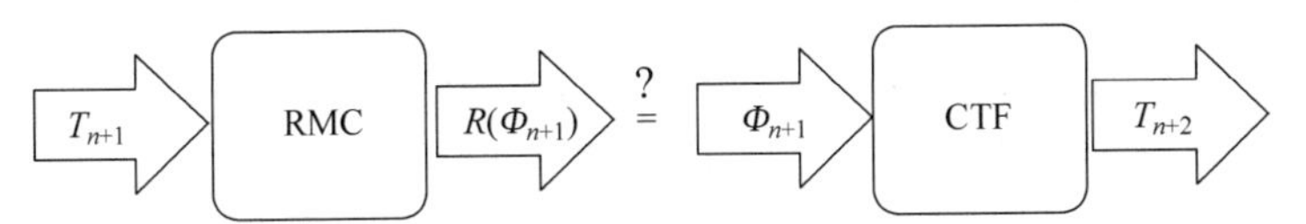

图 2.30　迭代功率更新方式

再由 RMC 得到的新的功率分布；而 Φ_{n+1} 表示这一代传给 CTF 的功率。对于 Picard 迭代，功率更新公式为

$$\Phi_{n+1}=R(\Phi_n) \tag{2-29}$$

为了增加非线性迭代的稳定性，常用方法是在功率更新中加入松弛因子 $\lambda<1$：

$$\Phi_{n+1}=\lambda R(\Phi_n)+(1-\lambda)\Phi_n \tag{2-30}$$

令式(2-30)中 $\lambda=0.1$ 并应用 BEAVRS 全堆基准题，功率相对变化的平均值 RE_{ave} 随迭代变化如图 2.31 所示。可以看出，$\lambda=0.1$ 的松弛因子无法抑制蒙卡热工耦合的振荡问题。

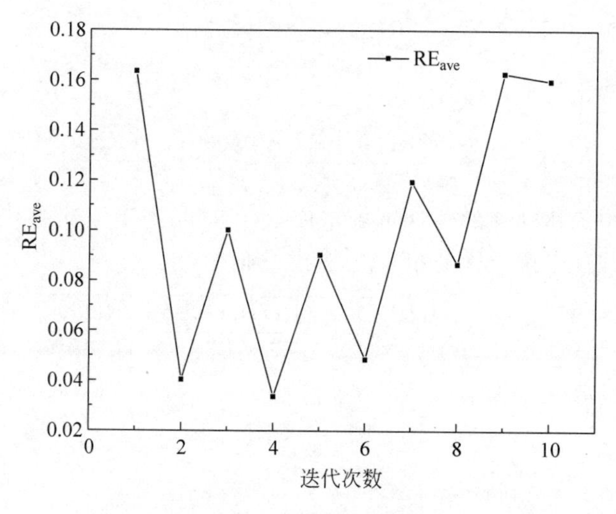

图 2.31　功率相对变化的平均值($\lambda=0.1$)

BEAVRS 基准题功率振荡情况显示出相邻两次迭代的振荡是对称的，如果把相邻两次计算得到的功率进行平均，理论上可以抵消前后两次振荡的功率，如式(2-31)所示：

$$\Phi_{n+1}=0.5R(\Phi_n)+0.5\Phi_n \tag{2-31}$$

图 2.32 为使用 0.5 的松弛因子后功率的收敛情况，可以看出该方法可以有效抑制功率的振荡，提高耦合的稳定性。

除了全堆蒙卡热工耦合时出现的径向功率振荡外，在单组件蒙卡热工耦合时，还会出现轴向的功率振荡。以 VERA 基准题的 Problem 6 单组件物理热工耦合为例，图 2.33 为 Picard 迭代轴向功率变化情况，可见轴向功率在两种功率分布间往复振荡，一直无法收敛。

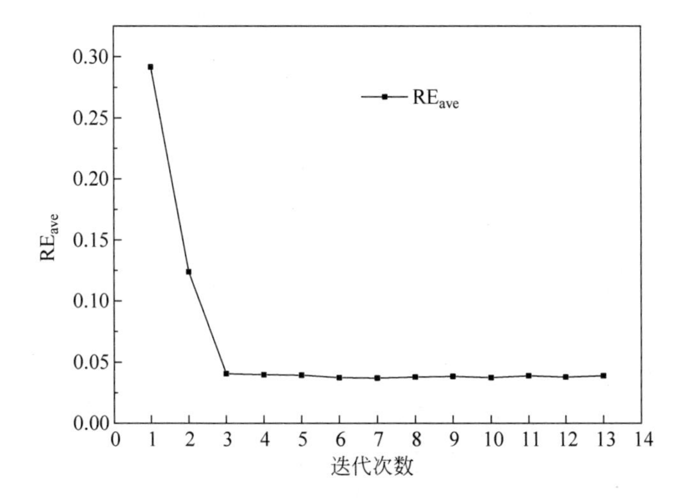

图 2.32　功率相对变化的平均值(λ=0.5)

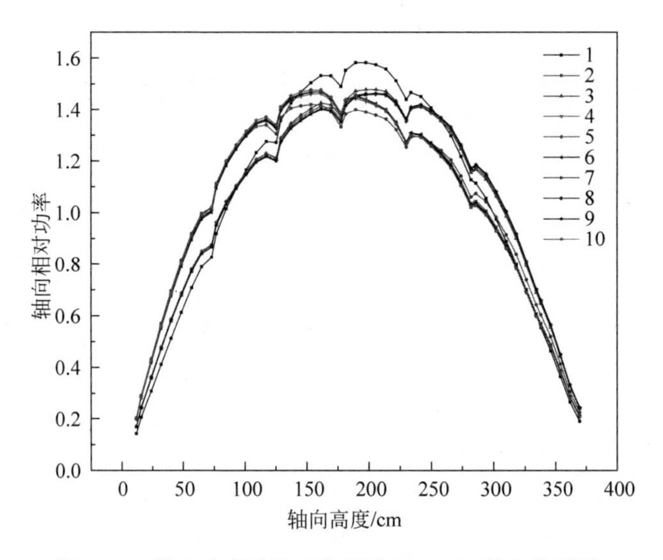

图 2.33　轴向功率迭代变化情况(Picard)(见文前彩图)

对该耦合问题使用 0.5 的松弛因子,轴向功率迭代变化情况如图 2.34 所示。可见使用了 0.5 的松弛因子之后,轴向功率可以很快收敛,不会出现振荡的问题。

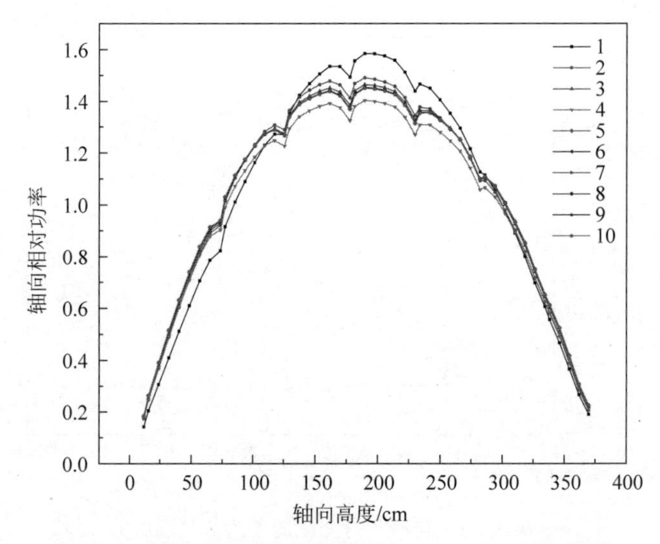

图 2.34　轴向功率迭代变化情况($\lambda=0.5$)(见文前彩图)

2.5　RMC/CTF 物理热工耦合功能验证

由于本书第 5 章有详细的基准题验证,所以本节只进行有效性检验和耦合稳定性及加速检验。

2.5.1　耦合有效性检验

耦合有效性检验是对耦合的定性分析。采用 BEAVRS 全堆基准题,硼浓度为 599×10^{-6},计算条件为每代 100 万中子,200 个非活跃代,500 个活跃代。计算热态满功率(耦合后)的结果,与热态零功率(耦合前)的结果进行比较,结果显示耦合后径向功率分布变得均匀。

轴向功率分布比较如图 2.35 所示,冷却剂入口在堆芯下方,导致满功率时堆芯轴向温度差异,堆芯下方冷却剂密度较大,上方冷却剂密度较小,从而造成明显的轴向功率偏移。

表 2.13 是 HZP 和 HFP 的径向功率峰因子和 k_{eff} 对比,其中 σ 为 k_{eff} 的蒙卡统计标准差。可以看出 HFP 径向功率峰因子降低,同时 k_{eff} 也降低。k_{eff} 的降低有两个原因,一是 HFP 冷却剂密度降低,慢化效果减弱;同时燃料温度增加,由于多普勒效应,共振吸收增加。同样,HZP 时功率大的组件在 HFP 冷却剂密度减小,慢化效果减弱,功率下降较 HZP 时功率小

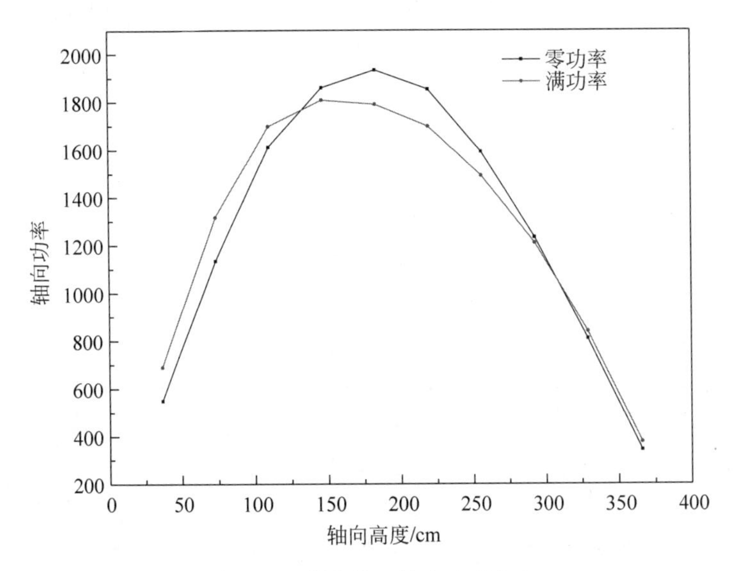

图 2.35　耦合前后轴向功率分布

的组件更明显，因此径向功率变得更加均匀。

表 2.13　HZP 和 HFP 的功率峰因子和 k_{eff}

参　　数	HZP	HFP
径向功率峰因子	1.490 99	1.395 56
$k_{\text{eff}} \pm \sigma$	1.047 987±0.000 033	1.023 874±0.000 033

2.5.2　耦合稳定性及加速检验

采用 BEAVRS 全堆基准题，除了 2.4.4.2 节提到的松弛因子为 0.5 的功率更新方法外，还对比了另外两种方法。第一种是功率 1/8 对称。由于全堆的燃料棒和毒物棒等布置基本上是 1/8 对称，RMC 计算得到的功率分布理论上也应该接近 1/8 对称。为了抑制径向功率振荡，每次强制对传递给 CTF 的功率分布进行 1/8 对称化处理。

第二种称为随机松弛方法[83]，与固定松弛因子的方法不同，该方法每次功率更新采用不同的松弛因子，如式(2-32)所示，其中 n 为迭代次数。

$$\Phi_{n+1} = \frac{1}{n} R(\Phi_n) + \left(1 - \frac{1}{n}\right)\Phi_n \tag{2-32}$$

式(2-32)相当于

$$
\begin{aligned}
\frac{1}{n}\sum_{i=1}^{n}R(\Phi_n) &= \frac{1}{n}\left[\sum_{i=1}^{n-1}R(\Phi_n)+R(\Phi_n)\right] \\
&= \left(1-\frac{1}{n}\right)\frac{1}{n-1}\sum_{i=1}^{n-1}R(\Phi_n)+\frac{1}{n}R(\Phi_n) \\
&= \left(1-\frac{1}{n}\right)\Phi_n+\frac{1}{n}R(\Phi_n) \\
&= \Phi_{n+1}
\end{aligned}
\tag{2-33}
$$

即第 $n+1$ 次迭代的功率更新值为前 n 次蒙卡统计功率的平均值，从而考虑蒙卡统计不确定度对功率的影响。

松弛因子为 0.5 的功率更新方法、1/8 对称以及随机松弛法的功率相对变化平均值的变化趋势如图 2.36 所示。由于网格功率统计不确定度的平均值 $\mathrm{RD_{ave}}$ 约为 0.0412，所以 $\mathrm{RE_{ave}}$ 不大于 0.0412 时即认为迭代收敛。可见，松弛因子为 0.5 的更新方法和随机松弛法均能抑制功率振荡，且迭代次数都比 1/8 对称要少，其中松弛因子为 0.5 的更新方法所需的迭代次数最少。

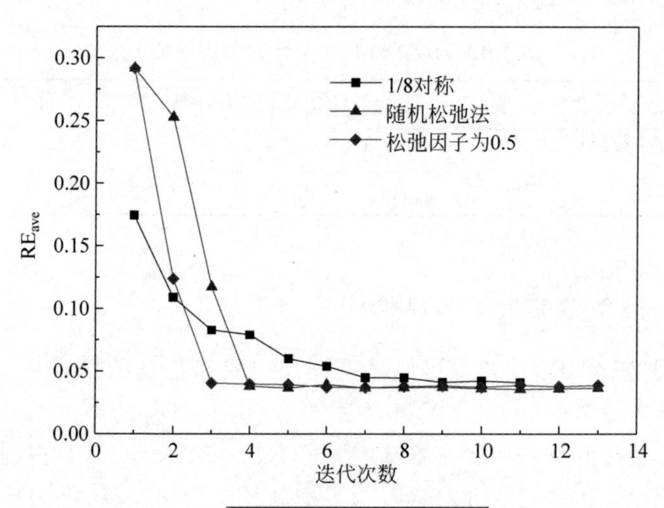

处理方法	迭代次数
1/8对称	8
松弛因子为0.5	3
随机松弛法	4

图 2.36　迭代次数比较

2.6 本章小结

本章讨论了蒙卡物理热工耦合方法研究与程序开发。首先，介绍了蒙卡物理热工耦合中的关键技术——温度相关点截面全能区在线处理，分别介绍了RMC中对于可分辨共振能区、热化能区和不可分辨共振能区的在线截面处理方法。针对可分辨共振能区，本书提出了基于ray tracking的TMS方法以及改进Gauss-Hermite方法。在热化能区和不可分辨共振能区分别提出了热散射数据和概率表的在线插值方法。同时分别对三个能区进行了算例验证，结果表明RMC的全能区在线截面处理方法在精度和效率上都取得了满意的结果。

然后，介绍了蒙卡物理热工耦合的具体实现。除了截面更新采用全能区在线截面处理外，耦合模式上提出了基于混合耦合的RMC/CTF通用耦合，在网格对应方面采用了基于pin cell的三维网格，并研究了冷却剂密度和可溶硼核密度更新方法。另外，研究了蒙卡物理热工耦合稳定性及加速。最后，对RMC/CTF物理热工耦合的有效性、耦合稳定性及加速进行了BEAVRS全堆基准题热态满功率的检验，结果表明RMC/CTF耦合可以正确反映物理热工的耦合作用，同时采用松弛因子方法进行功率更新既能提高耦合的稳定性，又能加速耦合的迭代收敛。

第3章　蒙卡大规模燃耗及换料计算方法研究与程序开发

3.1　引　　论

蒙卡多循环大规模精细燃耗计算方法是反应堆高保真计算和随机介质燃耗计算的重要基础。蒙卡多循环大规模燃耗计算方法包括三个方面，首先是全堆大规模精细燃耗计算方法，需要基于先进的并行算法实现；然后是大规模燃耗中的氙平衡修正，需要考虑氙核素密度与蒙卡统计收敛性的关系；最后是基于pin-by-pin燃耗的蒙卡换料功能，蒙卡换料功能是全堆大规模精细燃耗计算的延续，是多循环燃耗计算的关键。本章将对这三个方面分别展开系统研究。

3.2　基于综合并行的大规模燃耗计算方法

蒙卡程序具有很好的并行特性，其原因是每个中子代内各个中子的输运都是独立的。因此传统的蒙卡程序采用MPI并行，为每个处理器分配一个MPI进程，每个MPI进程拥有一套完整的数据，如图3.1所示。

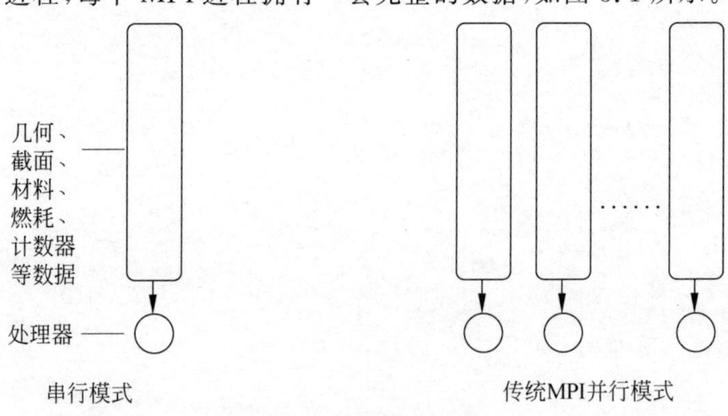

图3.1　传统MPI并行

然而,无论是服务器还是超级计算机,单个 CPU 所拥有的内存有限。对于典型超级计算机,其内存是分布式的,即每个节点拥有若干个 CPU,因此每个节点所拥有的内存大小是固定的(如天河二号是 64 GB),该内存分配给节点内的所有计算核心(如天河二号是 24 核/节点)。而节点与节点间采用网络进行通信,如图 3.2 所示。

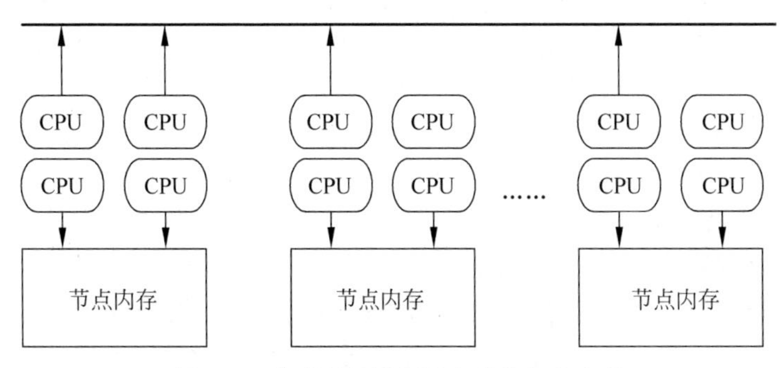

图 3.2 典型超级计算机中的分布式内存

对于天河二号,如果将一个节点内的 24 个计算核心全部用上,每个计算核心只能分到 2.66 GB 的内存。清华大学工程物理系 REAL 团队的梁金刚[84]指出,在 RMC 中,总燃耗区数目为 1 526 976 个时,每个燃耗区中的核素数目以 200 种估计,单核内存消耗达 126.9 GB,如表 3.1 所示。其中,材料数据、燃耗数据和计数器数据都是随着燃耗区数目增大而增大的。以 1 526 976 个燃耗区为例,材料数据 7.3 GB(占 5.75%),燃耗数据 55.0 GB(占 43.34%),计数器数据 64.1 GB(占 50.51%)。而截面数据和粒子状态数据的内存消耗不随燃耗区规模增大而增大,两种数据内存共 0.454 GB 左右。

表 3.1 内存占用分析(150 万个燃耗区)

数据类型	内存/GB
材料	7.300
截面	0.391
粒子状态	0.063
计数器	64.100
燃耗	55.000
单核内存占用	126.900

需要注意的是,表 3.1 中的 126.9 GB 只是单核内存,而在超级计算机中为了提高计算效率应该把一个节点上的所有核都投入运行。对于大规模

精细燃耗问题，全堆燃耗区网格数可以达到百万甚至千万，传统 MPI 并行已无法满足 2.66 GB 的单核内存要求。

因此，为了实现大规模精细燃耗，必须采用先进的并行算法，RMC 中已开发了三种算法，包括 MPI/OpenMP 混合并行、区域分解和数据分解。

3.2.1　三种大规模燃耗并行算法介绍

3.2.1.1　MPI/OpenMP 混合并行

清华大学工程物理系 REAL 团队的杨烽在 RMC 中开发了 MPI/OpenMP 混合并行功能[85]。MPI/OpenMP 混合并行利用了 OpenMP 共享内存的特点，一个 MPI 进程可以分成若干个 OpenMP 线程，一个 OpenMP 线程对应一个计算核心。而同一个 MPI 进程的 OpenMP 线程之间可以对 OpenMP 并行区内的数据进行内存共享。划分共享数据和私有数据是 OpenMP 并行的关键，如图 3.3 所示，将材料数据、燃耗数据和计数器数据这三个主要消耗内存的数据都设置为共享数据，另外几何数据和截面数据也设置为共享数据，即 OpenMP 线程间可以共享。

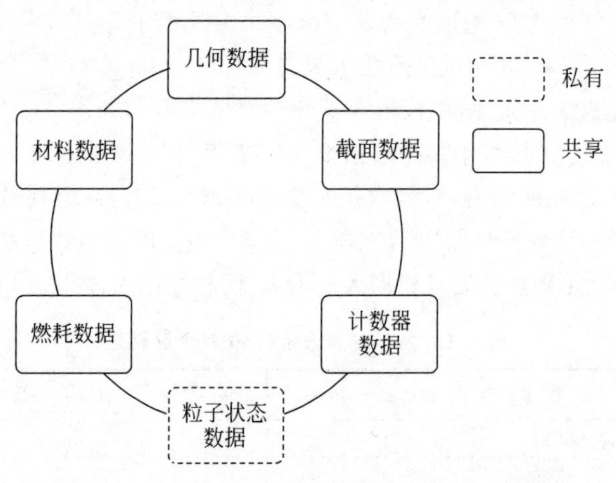

图 3.3　共享数据和私有数据

在 MPI/OpenMP 混合并行模式下，一个 MPI 进程可以分成若干个 OpenMP 线程，而不同进程之间采用 MPI 进行通信，如图 3.4 所示。MPI/OpenMP 混合并行本身并不能降低单个进程的内存消耗，其作用是在不增加内存的前提下，通过把一个 MPI 进程分成若干个 OpenMP 线程，使用更多的计算核心，把一个 MPI 进程的内存消耗平均到若干个 OpenMP 线程

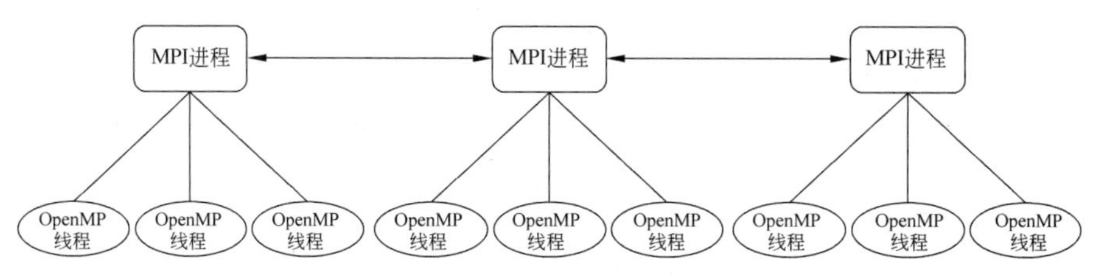

图3.4 MPI/OpenMP混合并行模式

上,相当于减小了单核内存消耗。例如,对于1 526 976个燃耗区,一个MPI的内存消耗仍为126.9 GB,一个节点内有24个核,如果一个MPI分成24个线程,则单核内存为5.2875 GB。

然而MPI/OpenMP混合并行也有其局限性。由于OpenMP线程的内存共享只能在同一个节点内实现,因此受限于单节点的内存。

3.2.1.2 区域分解

清华大学工程物理系REAL团队的梁金刚在RMC中开发了区域分解并行功能[84]。区域分解方法的基本思路是分而治之,缩小模型。把一个大的问题在几何上划分为若干个小的区域,为每个区域分配一部分计算核心,这部分计算核心只负责完成该局部区域的计算。由于计算核心只需要完成局部区域的计算,所以也只需存储该区域的材料、燃耗和计数器等数据。

然而区域之间并不是孤立的,区域交界处会有中子在其间穿过,如图3.5所示。当粒子从进程0所在区域飞到进程1所在区域时,进程0通过MPI通信向进程1发送该粒子的信息。

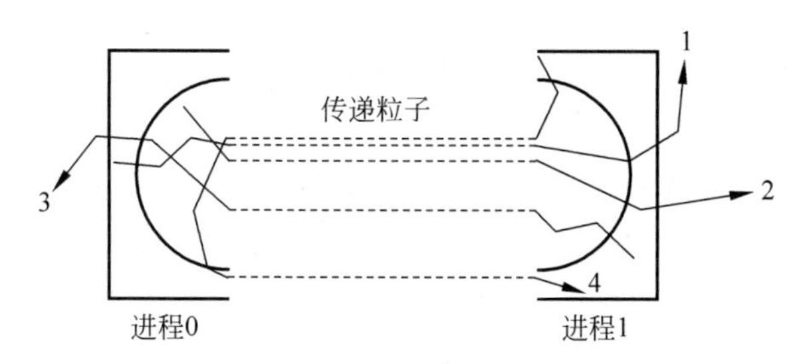

图3.5 区域分解示意图

区域分解可以有效减小材料数据、燃耗数据和计数器数据的内存消耗,这三个数据的内存减小倍数理论上等于区域的数目;而截面数据和几何数据则仍需要每个核存储一套相应数据。区域分解的局限性在于,当区域数目多,划分不均衡时,区域间负载不均衡,并行效率会降低。如图3.6所示,图中黑色部分代表堆芯中央区域，该区域中子通量最大。白色部分代表堆芯外围区域，该区域中子通量最小。灰色部分代表过渡区域，该区域中通量居中。反应堆的轴向通量分布一般为余弦分布，即两边中子少，中间中子多。如果将轴向划分为6个区域，则中间区域的负载大，两边区域负载少。两边区域的计算核心完成计算之后，将处于等待的状态，中间区域的计算核心需要完成大部分的计算，总的计算时间取决于中间区域计算核心的耗时。因此虽然减少了内存消耗，但是对计算核心的利用率降低，计算效率降低。

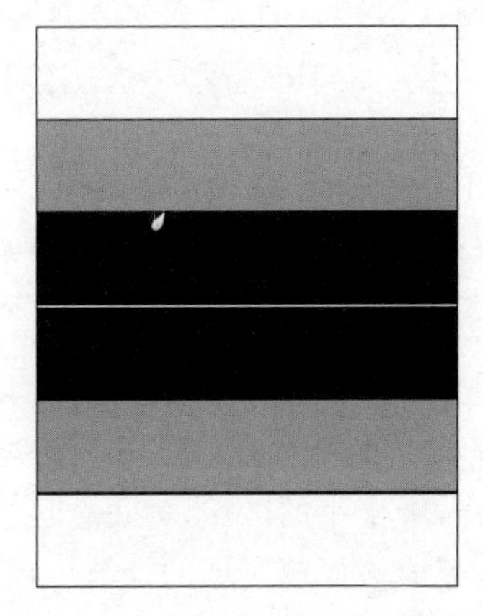

图3.6 区域间负载不均示意图

3.2.1.3 数据分解

从表3.1中对内存占用的分析可以看出，燃耗数据和计数器数据在百万燃耗区情况下，占了内存消耗的90%以上。根据这两类数据的特殊性，可以采用数据分解来降低内存消耗。数据分解可以分为燃耗数据分解和计数器数据分解，如图3.7所示。

首先是燃耗数据，燃耗数据主要用于燃耗计算，以及在输运-燃耗耦合计算中用于更新材料数据中的核素密度。在燃耗计算中，燃耗区之间是独立的，可以进行并行计算，将燃耗区分配到各个计算核心，在燃耗计算中各个进程的燃耗数据也不需要进行交换，因此可以将燃耗数据分别存储在不同的进程中，这就是燃耗数据的数据分解，减少了燃耗数据的内存消耗。清华大学工程物理系REAL团队的佘顶等在RMC中开发了此功能，使RMC燃耗计算可达到数万个燃耗区[86]。需要注意的是，在更新材料数据中的核素密度时，需要汇总各个燃耗区的燃耗数据，从而构成完整的材料数据，因此在燃耗计算后不同进程之间需要进行一次MPI通信。但是由于通信频

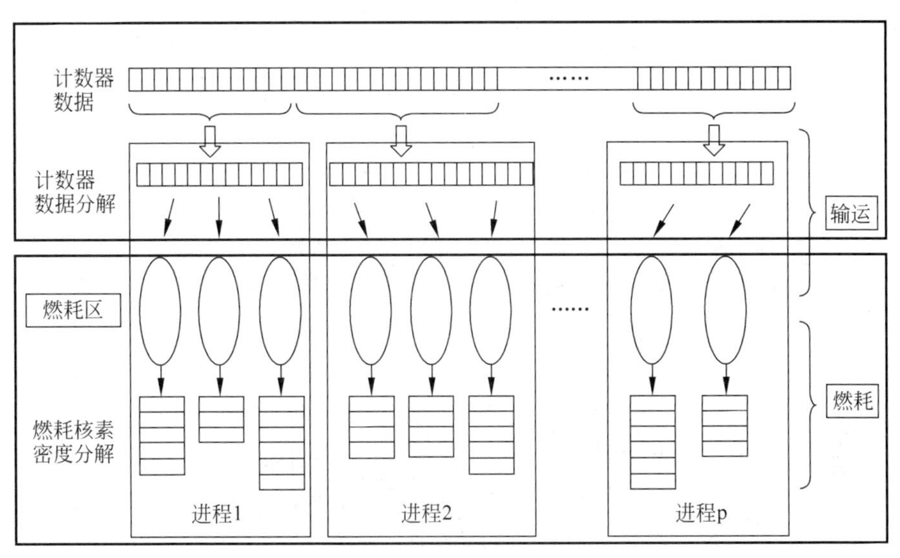

图 3.7　燃耗数据分解和计数器数据分解

率很低，所以其通信的代价也是可接受的。

而对于计数器数据，因为计数器一般用来统计反应率，所以通信的频率则要高很多。图 3.8 为计数器数据分解与通信的示意图，相比传统 MPI 并行中每个处理器都要存储完整的一套计数器数据，在数据分解中每个处理器只存储完整计数器数据的一部分。当 A 处理器上模拟的粒子发生反应率计数时，如果该计数的计数器在当前处理器 A 上，则反应率计数累加到本地的计数器；如果该计数的计数器不在当前处理器上，则该处理器通过 MPI 通信把计数数据发送到所需计数器对应的处理器 B，B 再把反应率计数累加到其计数器。

数据分解的局限性在于，当处理器数目增多、数据量增大时，通信开销将增大。而且数据分解只对计数器数据和燃耗数据进行分解，材料数据在

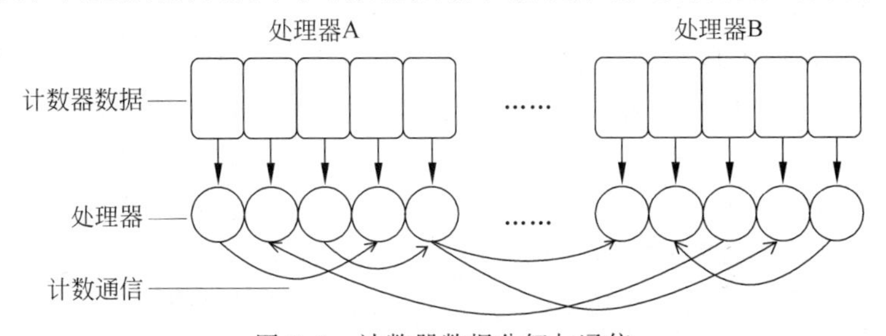

图 3.8　计数器数据分解与通信

每个进程中仍被保留完整的一份，当燃耗区数目为1 526 976个时，材料数据就达到7.3 GB，超过了单核内存的限制。

3.2.2　综合并行大规模燃耗算法

对于全堆三维精细燃耗计算(径向至少棒栅元级、轴向划分几十层)，燃耗区数目将达到数百万。同时，考虑到全寿期高保真耦合模拟中还需要存储各个网格的燃料和冷却剂温度及密度等数据，而现有的先进并行算法，包括MPI/OpenMP混合并行、区域分解和数据分解，都有各自的优点及局限性，只使用其中一种并行算法无法满足更多燃耗区数目时高效并行的要求。

因此需要对区域分解、数据分解和混合并行算法进行有机的结合与集成，通过两两之间相互结合，或者三者结合，充分利用各算法的优点，弥补各自的缺点。在内存消耗方面，可以突破只采用其中一种方法时的单核内存限制，从而在现有高性能计算机的架构下，实现更大燃耗区规模的计算。同时，也为弥散颗粒燃料的全堆燃耗计算分析提供了可能。

在并行效率方面，结合OpenMP或数据分解可以减少区域分解的区域数，使之更容易达到负载均衡；结合OpenMP或区域分解可以减少数据分解的MPI进程数，从而减少通信开销；结合数据分解或区域分解，可以突破OpenMP单节点的内存限制。

在RMC中，基于已有的MPI/OpenMP混合并行、区域分解和数据分解，开发了综合并行大规模燃耗算法，并行架构如图3.9所示。对于一个完整的模拟对象(如一个全堆)，采用P个核进行模拟，可以通过区域分解，把整个几何划分为K个区域，则每个区域的核数为P/K。同时采用了MPI/OpenMP混合并行，将每个进程分成M个线程，则每个区域的进程数$N=P/K/M$。

不同区域的进程之间可以通过MPI来发送穿过区域的粒子信息。如图3.9所示，区域1的进程1与其他区域的进程1进行MPI通信，区域1的进程N与其他区域的进程N进行MPI通信，一一对应，如图3.9中的虚线所示，并将每个进程模拟的粒子数分配到该进程的M个线程上。同一个区域内的N个进程，可以通过数据分解，使每个进程只存储该区域完整燃耗和计数器信息的一部分。同一个区域内的进程通过MPI把该进程产生的非本地的计数器数据发送到对应的其他进程上，或者在燃耗计算结束后把该进程分配到的燃耗数据广播给同个区域内的其他进程，如图3.9中的实线所示。

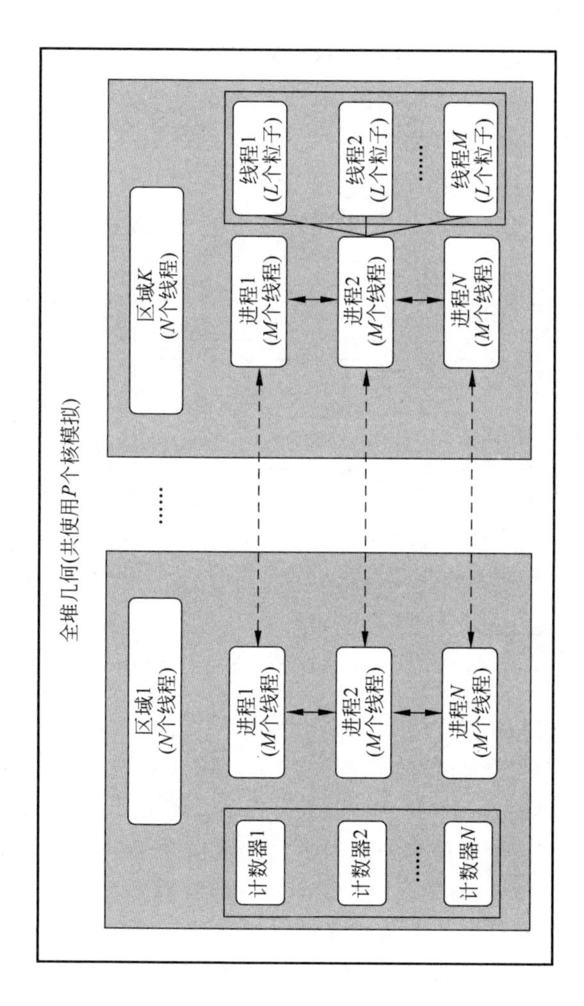
全堆几何(共使用P个核模拟)
区域1
(N个线程)
进程1
(M个线程)
进程2
(M个线程)
进程N
(M个线程)
计数器1
计数器2
......
计数器N
......
区域K
(N个线程)
进程1
(M个线程)
进程2
(M个线程)
进程N
(M个线程)
线程1
(L个粒子)
线程2
(L个粒子)
......
线程M
(L个粒子)

图 3.9　综合并行架构

本节将对区域分解＋OpenMP、数据分解＋OpenMP 以及区域分解＋数据分解的实现进行研究和优化，探究这些并行算法之间进行有机结合的可行性，并对其内存消耗进行定量分析，给出可行的技术路线。

3.2.2.1　区域分解＋OpenMP

RMC 的区域分解采用嵌套形式的并行，即一个区域内有多个进程，总进程数必须是区域数的倍数。同一个区域内的多个进程构成一个通信子域，该通信子域负责对应区域内的通信，如计数器的归并操作等。不同区域间的粒子传递根据该区域内的进程序号一一对应，如图 3.10 所示。区域内的每个进程都有各自的缓存区(buffer)，用于存储要发送到其他区域的粒子信息。同时，区域内的某个进程发送给其他不同区域的粒子存放在不同的缓存区。

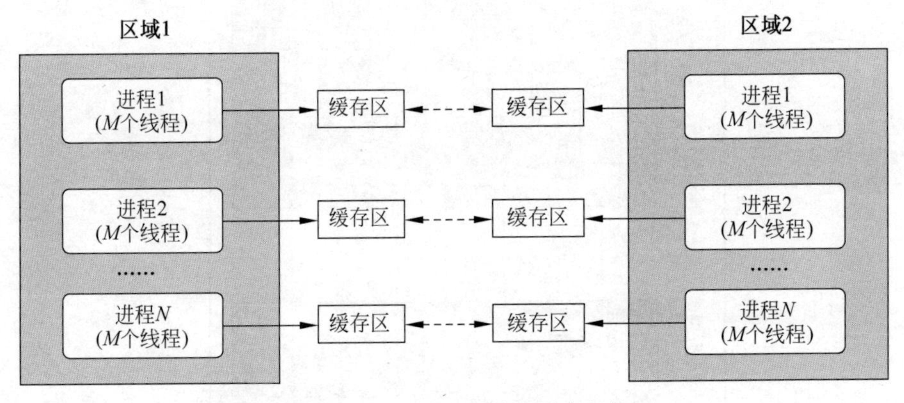

图 3.10　嵌套式区域分解并行架构

区域分解与 OpenMP 结合时，由于同一个进程上的 M 个线程共用缓存区和 MPI 通信(粒子信息的收和发)，所以需要对缓存区和 MPI 通信进行保护，即加锁，在 OpenMP 中通过临界区(critical section)来实现，如图 3.11 所示。当一个进程上的线程 1 将在缓存区存粒子时，如果有同一进程的线程 2 正在缓存区存粒子，线程 1 会等待线程 2 存完粒子之后再存粒子，以保证任何时候只有一个线程在该进程的缓存区存粒子。同样地，也要保证任何时候只有一个线程发送粒子到其他区域，或者接收从其他区域发送过来的粒子。

在燃耗计算中，每个区域内的燃耗数据采用数据分解来使之平均分配到该区域的各个进程中，从而减少燃耗数据的内存，如图 3.12 所示。每个区域有 $N\times J$ 个燃耗区和 N 个进程，则每个进程分配了 J 个燃耗区。

区域分解与 OpenMP 结合，同时采用燃耗数据分解可以大大减少单

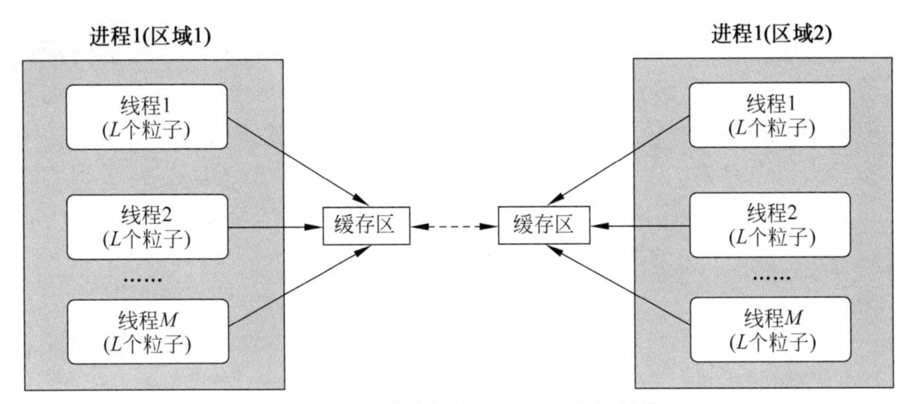

图 3.11　区域分解＋OpenMP 并行架构

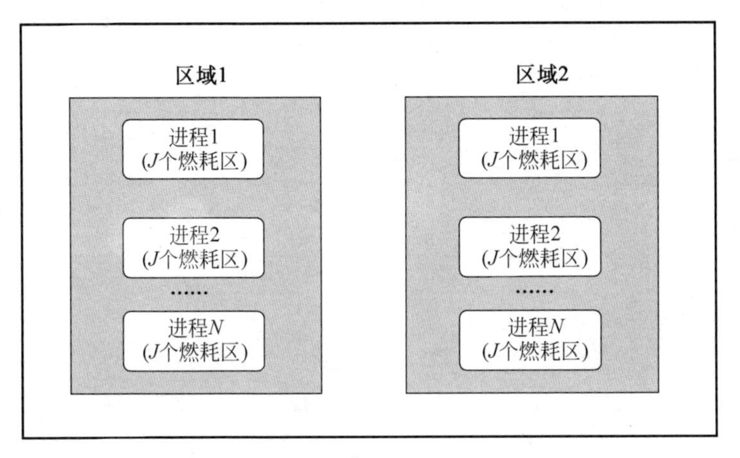

图 3.12　区域分解＋燃耗数据分解

核内存的消耗。以表 3.1 中的例子为例，总燃耗区数目为 150 万个，假设区域数目为 D，总进程数为 N，每个节点 P 个进程，节点上的所有核都投入运行，材料数据内存为 M_{M}，计数器数据内存为 M_{T}，燃耗数据内存为 M_{B}，N 必须是 D 的倍数。则采用区域分解＋OpenMP＋燃耗数据分解后，每个节点的材料数据内存为 PM_{M}/D，计数器数据内存为 PM_{T}/D，燃耗数据内存为 PM_{B}/N，设截面等其他数据的内存占用为 M_{rest}，则总内存消耗约为

$$
\begin{aligned}
M_{\mathrm{total}} &= \frac{PM_{\mathrm{M}}}{D} + \frac{PM_{\mathrm{T}}}{D} + \frac{PM_{\mathrm{B}}}{N} + PM_{\mathrm{rest}} \\
&= P\left(\frac{M_{\mathrm{M}} + M_{\mathrm{T}}}{D} + \frac{M_{\mathrm{B}}}{N} + M_{\mathrm{rest}}\right)
\end{aligned}
\tag{3-1}
$$

对于表3.1中的数据，如果$D=8$，$P=2$，$N=8$，即每个区域一个进程，若每个节点24核，则总共96核。采用区域分解＋OpenMP＋燃耗数据分解后，每个节点的材料数据内存为1.825 GB，截面数据内存为0.782 GB，粒子状态内存为0.126 GB，计数器数据内存为16.025 GB，燃耗数据内存为13.75 GB，节点内存消耗约为32.5 GB，小于天河二号单节点内存64 GB。表3.2为将节点内存消耗平均到一个节点内的24个核后，单核的内存占用。

给定N和P，可以根据节点内存限制及式(3-1)确定需要划分的区域数D。从而避免出现划分太多区域造成的负载不均衡现象。

表3.2 区域分解＋OpenMP内存占用分析

数据类型	内存/GB(纯MPI)	内存/GB(区域分解＋OpenMP)
材料	7.300	0.076
截面	0.391	0.033
粒子状态	0.063	0.005
计数器	64.100	0.668
燃耗	55.000	0.573
单核内存占用	126.900	1.355

3.2.2.2 计数器数据分解＋OpenMP

在计数器数据分解中，每个进程只存储完整计数器信息的一部分。进程间通过MPI把该进程产生的非本地的计数器数据发送到对应的其他进程上。与区域分解＋OpenMP类似，要实现数据分解＋OpenMP也需要缓存区数据和MPI通信的保护。

相比于区域分解，数据分解收发的数据量更大，频率也更高，因此采用“锁”的方式进行数据保护，会严重降低效率。例如，对图2.11的标准压水堆组件，燃料中含有134种核素，进行一次带有燃耗单群截面统计的输运计算。每代9 600 000个粒子，10个非活跃代，有锁数据分解与无数据分解均采用MPI/OpenMP混合并行，每个MPI分为12个OpenMP线程。两者的计算时间对比如图3.13所示。在非活跃代，由于不需要进行单群截面统计，所以两者的速度差不多。到了活跃代，由于OpenMP的锁造成的等待，有锁数据分解的计算时间大大增加。

因此，要实现数据分解与OpenMP的结合必须减少锁对计算效率的影响。本研究在RMC中开发了无锁数据分解，利用了OpenMP的两个技术：

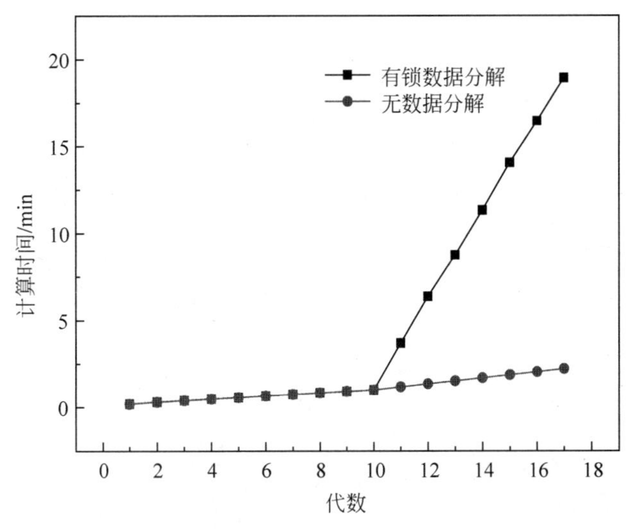

图 3.13 有锁数据分解与无数据分解的效率对比

thread private(线程私有)和 thread multiple(线程级通信)。Thread private 技术是指把某些数据独立出来不进行共享,从而使这些数据在同一个进程的不同线程可以各自分配独立的内存。Thread private 可以应用到数据分解的缓存区中,使得每个线程都有独立的缓存区,从而可以对缓存区独立地进行写的操作。Thread multiple 技术是指同一个进程的不同线程可以独立地进行通信,从而使不同线程的数据发送和接收可以各自独立地进行,无须等待。

无锁数据分解+OpenMP 的并行架构如图 3.14 所示。每个线程有独立的缓存区,可以独立地与其他进程中相应的线程进行通信。如图 3.14 所示,进程 1 的线程 1 只能与进程 2(或其他进程)的线程 1 进行通信,线程 M 只能与进程 2 的线程 M 通信,以此类推。SuperMC 程序也采用了类似的无锁数据分解方法[87]。

计数器数据分解同样可以和燃耗数据分解相结合。数据分解与 OpenMP 结合可以大大减少单核内存的消耗,以表 3.1 中的例子为例,总燃耗区数目为 150 万个,假设每个节点 P 个进程,总进程数为 N,材料数据内存为 M_M,计数器数据内存为 M_T,燃耗数据内存为 M_B。则采用计数器数据分解+OpenMP+燃耗数据分解后,每个节点的材料数据内存为 PM_M,计数器数据内存为 PM_T/N,燃耗数据内存为 PM_B/N,设截面等其他数据的内存占用为 M_{rest},则总内存消耗约为

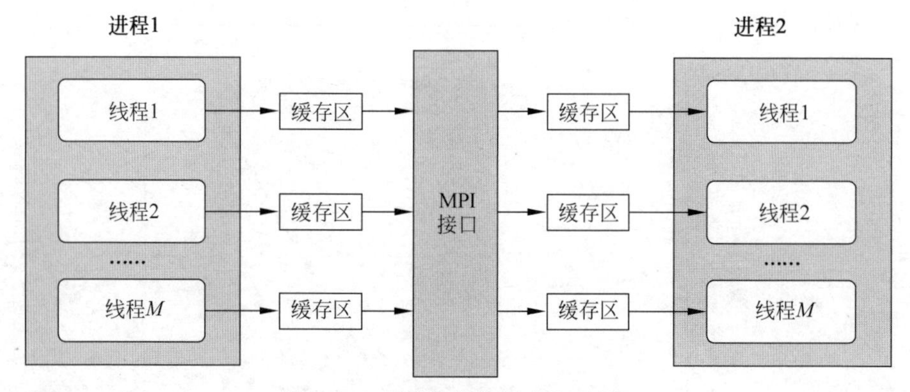

图 3.14　无锁数据分解＋OpenMP

$$M_{\text{total}} = PM_{\text{M}} + \frac{PM_{\text{T}}}{N} + \frac{PM_{\text{B}}}{N} + PM_{\text{rest}}$$
$$= P\left(\frac{M_{\text{B}} + M_{\text{T}}}{N} + M_{\text{M}} + M_{\text{rest}}\right) \quad (3\text{-}2)$$

对于表 3.1 中的数据，还是令 $P=2, N=8$，总共 96 核。采用计数器分解＋OpenMP＋燃耗数据分解后，每个节点的材料数据内存为 14.6 GB，截面数据内存为 0.782 GB，粒子状态内存为 0.125 GB，计数器数据内存为 16.025 GB，燃耗数据内存为 13.75 GB，节点内存消耗约为 45.282 GB，小于天河二号单节点内存 64 GB。表 3.3 为节点内存消耗平均到一个节点内的 24 个核，单核的内存占用。

表 3.3　计数器数据分解＋OpenMP 内存占用分析

数 据 类 型	内存/GB(纯 MPI)	内存/GB(计数器数据分解＋OpenMP)
材料	7.300	0.608
截面	0.391	0.033
粒子状态	0.063	0.005
计数器	64.100	0.668
燃耗	55.000	0.573
单核内存占用	126.900	1.887

同时可以看出，在相同总进程数 N 及每个节点进程数 P 的情况下，区域分解＋OpenMP 可以达到更多的燃耗区数目，这是因为数据分解只分解了计数器数据，而区域分解还分解了材料数据。

3.2.2.3　区域分解＋计数器数据分解

区域分解已经把全局几何由大问题分割成了小问题，然而每个区域往往不只用一个进程。计算者如果想在增加计算量(即总粒子数)的同时划分尽量少的区域数,则会给每个区域分配多个进程,如图3.9和图3.10所示,这些进程都有一套该区域的全部数据。燃耗数据可以通过燃耗数据分解平均分配到每个进程,因此各进程的燃耗数据都不冗余。而如材料数据和计数器数据,同一个区域的进程都有相同的数据。这就为同一区域内的不同进程进行计数器数据分解提供了可能。

以表3.1中的例子为例,总燃耗区数目为150万个,假设区域数目为D,每个节点P个进程,总进程数为N,材料数据内存为M_{M},计数器数据内存为M_{T},燃耗数据内存为M_{B}。则采用区域分解+计数器数据分解+燃耗数据分解后,每个节点的材料数据内存为PM_{M}/D,计数器数据内存为PM_{T}/N,燃耗数据内存为PM_{B}/N,设截面等其他数据的内存占用为M_{rest},则总内存消耗约为

$$
\begin{aligned}
M_{\mathrm{total}} &= \frac{PM_{\mathrm{M}}}{D} + \frac{PM_{\mathrm{T}}}{N} + \frac{PM_{\mathrm{B}}}{N} + PM_{\mathrm{rest}} \\
&= P\left(\frac{M_{\mathrm{B}} + M_{\mathrm{T}}}{N} + \frac{M_{\mathrm{M}}}{D} + M_{\mathrm{rest}}\right) \qquad (3\text{-}3)
\end{aligned}
$$

对于表3.1中的数据,令$P=24,N=96,D=8$,即每个区域12个进程,总共96核。采用"计数器分解+区域分解+燃耗数据分解"后,每个节点的材料数据内存为21.9 GB,截面数据内存为9.374 GB,粒子状态内存为1.5 GB,计数器数据内存为16.025 GB,燃耗数据内存为13.75 GB,节点内存消耗约为62.55 GB,小于天河二号单节点内存64 GB,但是已经很接近单节点内存的上限了。表3.4为节点内存消耗平均到一个节点内的24个核,单核的内存占用。

表3.4 区域分解+计数器数据分解内存占用分析

数据类型	内存/GB(纯MPI)	内存/GB(区域分解+计数器数据分解)
材料	7.300	0.913
截面	0.391	0.391
粒子状态	0.063	0.063
计数器	64.100	0.668
燃耗	55.000	0.573
单核内存占用	126.900	2.608

根据式(3-3),如果不使用MPI/OpenMP混合并行($P=24$),只能通过增加区域数目或总进程数减少单核内存消耗,将会导致区域数或进程数过多,从而造成并行效率的下降。

3.3 蒙卡大规模燃耗中的氙平衡修正

在热中子堆中，由于^{135}Xe的热中子吸收截面很大，反应堆中燃料在燃耗过程中^{135}Xe的产生和累积会引入较大的负反应性，同时也对功率分布产生影响。在燃耗计算中，氙的分布与中子通量分布具有紧密的耦合关系，即氙的数量受通量大小所影响，氙的数量反过来又会影响通量的大小。RMC的燃耗计算一般采用起点近似法，即用燃耗步起点的反应率进行该燃耗步内的燃耗计算，求出燃耗步终点的核素密度，是一种对时间步长的显式差分形式，在短时间步长下才能保证解的稳定性。如本书 2.4.4 节"蒙卡物理热工耦合稳定性"所述，振荡是非线性耦合中很容易出现的现象。在燃耗计算中，对于弱耦合系统（如大型压水堆全堆），蒙卡计算的统计偏差，造成功率分布较小程度的不对称，又由于显式差分形式的采用，以及氙对功率分布的强烈反馈作用，引起不对称的加剧甚至反向，最终导致燃耗计算中的功率振荡。

同时 RMC 还开发了燃耗的预估-校正方法，该方法先用起点近似法求出燃耗步终点的核素密度 N_1，再用求出的核素密度得到反应率，进而再用该反应率进行燃耗计算，再次求出燃耗步终点的核素密度 N_2。最后，对 N_1 和 N_2 取平均，从而更新燃耗步终点的核素密度 $N=N_1+N_2$。研究表明，采用预估-校正方法可以一定程度减缓氙造成的功率振荡，然而仍无法很好地抑制振荡。因此，平衡氙方法对于大规模蒙卡燃耗计算的稳定性非常重要。

3.3.1 氙平衡修正介绍

清华大学工程物理系 REAL 团队的陈宗欢等在 RMC 中开发了燃耗计算中氙平衡修正的功能[88]。其核心是根据简化的氙-碘燃耗链（如图 3.15 所示），解析得到氙和碘的核子密度与通量间的关系，并引入了核素密度随时间的变化关系，开发了带时间项的在线平衡氙方法，如式(3-4)和式(3-5)所示：

$$N_{\mathrm{Xe}}(t)=\frac{(\gamma_{\mathrm{I}}+\gamma_{\mathrm{Xe}})\sum_{f}\phi}{\lambda_{\mathrm{Xe}}+\sigma_a^{\mathrm{Xe}}\phi}\{1-\exp[-(\lambda_{\mathrm{Xe}}+\sigma_a^{\mathrm{Xe}}\phi)t]\}+$$
$$\frac{\gamma_{\mathrm{I}}\sum_{f}\phi}{\lambda_{\mathrm{Xe}}+\sigma_a^{\mathrm{Xe}}\phi-\lambda_{\mathrm{I}}}\{\exp[-(\lambda_{\mathrm{Xe}}+\sigma_a^{\mathrm{Xe}}\phi)t]-\exp(-\lambda_{\mathrm{I}}t)\} \tag{3-4}$$

$$N_{\mathrm{I}}(t)=\frac{\gamma_{\mathrm{I}}\sum_{f}\phi}{\lambda_{\mathrm{I}}}[1-\exp(-\lambda_{\mathrm{I}}t)] \tag{3-5}$$

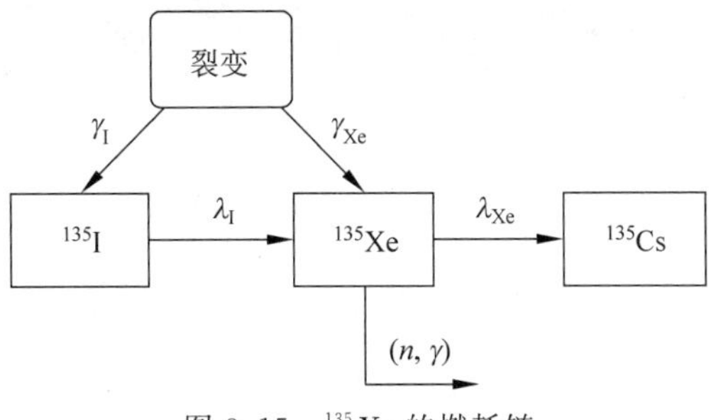

图 3.15　^{135}Xe 的燃耗链

在蒙卡输运计算中统计式(3-4)和式(3-5)中的反应率 $\sum_f \phi$ 和 $\sigma_a^{Xe}\phi$，每代结束后根据蒙卡统计的通量与反应率，对氙浓度进行迭代更新，解决通量与氙浓度不匹配的问题。平衡氙迭代流程如图 3.16 所示。

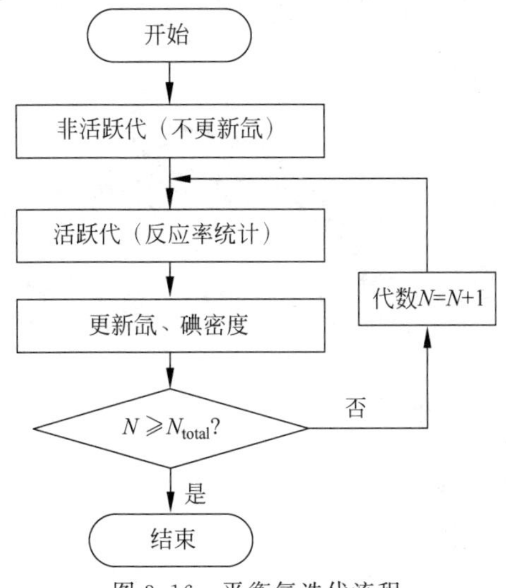

图 3.16　平衡氙迭代流程

在非活跃代不更新氙浓度，到了活跃代则每代进行反应率统计，并根据式(3-4)和式(3-5)更新氙、碘核素密度，直至所有代数 N_{total} 模拟完毕。

带时间项的在线平衡氙方法能够有效抑制蒙卡燃耗计算中的氙振荡问题，然而，其计算的正确性只通过对简单模型进行计算而得到过验证，因此本节将对平衡氙方法在大规模蒙卡燃耗计算中的正确性进行研究。

3.3.2　氙平衡修正收敛性及改进平衡氙方法

计算模型采用 VERA 基准题 Problem 7 的压水堆全堆模型，同时对带时间项的平衡氙公式进行一些简化，采用了与时间无关的饱和平衡氙，如式(3-6)和式(3-7)所示：

$$N_{\mathrm{Xe}}(t)=\frac{(\gamma_{\mathrm{I}}+\gamma_{\mathrm{Xe}})\sum_f \phi}{\lambda_{\mathrm{Xe}}+\sigma_a^{\mathrm{Xe}}\phi} \tag{3-6}$$

$$N_{\mathrm{I}}(t)=\frac{\gamma_{\mathrm{I}}\sum_f \phi}{\lambda_{\mathrm{I}}} \tag{3-7}$$

计算条件为每代 10 万粒子，200 个非活跃代，400 个活跃代。采用式(3-6)和式(3-7)的平衡氙公式，根据图 3.16 的流程对氙浓度进行迭代(即每代都对氙浓度进行更新)，并统计出全堆轴向功率分布。另外，还采用了 RMC 的纯燃耗计算，进行一步燃耗计算，燃耗步长为 2.5 天，燃耗步末的氙浓度即为饱和氙浓度，并统计出燃耗步末全堆轴向功率分布。两者对比如图 3.17 所示。

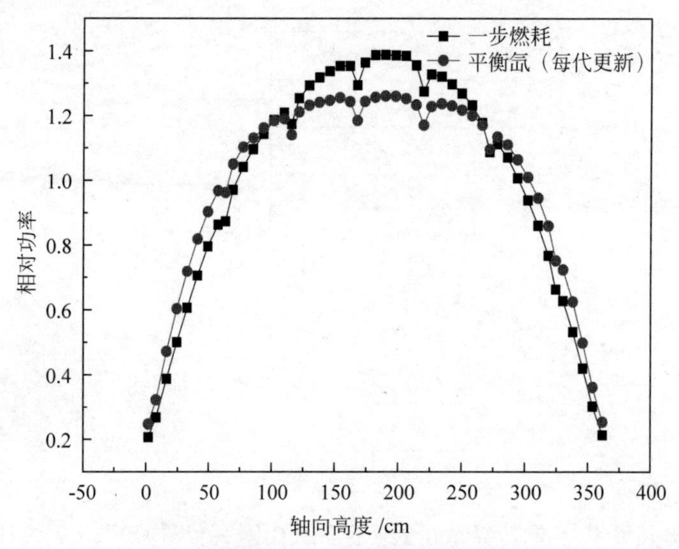

图 3.17　平衡氙与一步燃耗计算的功率对比

由图 3.17 可知，采用平衡氙方法得到的轴向功率分布与一步燃耗的轴向功率差别很大，说明每代都对氙浓度进行更新的平衡氙方法(称为旧平衡氙方法)存在一定的问题。

为了研究平衡氙方法的问题，引入了平均氙密度 $N_{\mathrm{Xe}}^{\mathrm{ave}}$ 这个参数。假设全堆总共有 M 个燃耗网格，第 i 个网格的氙核子密度为 N_{Xe}^{i}，则平均氙密度如式(3-8)所示：

$$N_{\mathrm{Xe}}^{\mathrm{ave}}=\sqrt{\frac{\sum_{i=1}^{M}(N_{\mathrm{Xe}}^{i})^{2}}{M}} \tag{3-8}$$

同时，通过改变每次更新氙所用粒子数，从 10 万开始逐渐增加到 800 万，可得每次更新氙所用粒子数与 $N_{\mathrm{Xe}}^{\mathrm{ave}}$ 间的关系，如图 3.18 所示，可以看出，随着每次更新氙所用粒子数的增加，$N_{\mathrm{Xe}}^{\mathrm{ave}}$ 不断下降，直到逐渐收敛。结果说明，当每次更新氙所用粒子数较小时，得到的氙浓度分布是不准确的，且氙浓度偏大。

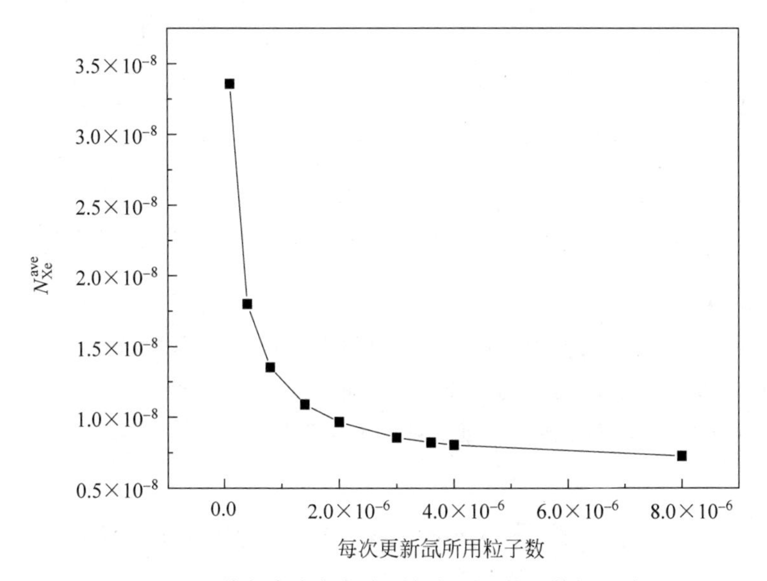

图 3.18　平均氙密度与每次更新氙所用粒子数间的关系

图 3.19 给出了轴向功率与每次更新氙所用粒子数的关系，可以看出所用粒子数为 360 万时轴向功率才与所用粒子数为 400 万时接近，因此每次氙迭代所用粒子数至少为 360 万时，才能得到正确的通量分布。

在此为了解决旧平衡氙方法在每次更新氙所用粒子数较小时的收敛性问题，本书引入了 Batch 的概念，即每隔 L 代更新一次氙核子密度，这里的 L 代称为一个 Batch。同时，把原来的非活跃代不更新氙密度，改为非活跃代后期开始通量和氙的迭代更新。这样做有两个好处，第一是为活跃代的通量和氙的迭代更新提供更好的初始解；第二也避免了最开始几次通量和氙的迭代中，不收敛的氙密度对功率统计的干扰。改进平衡氙迭代的流程如图 3.20 所示。

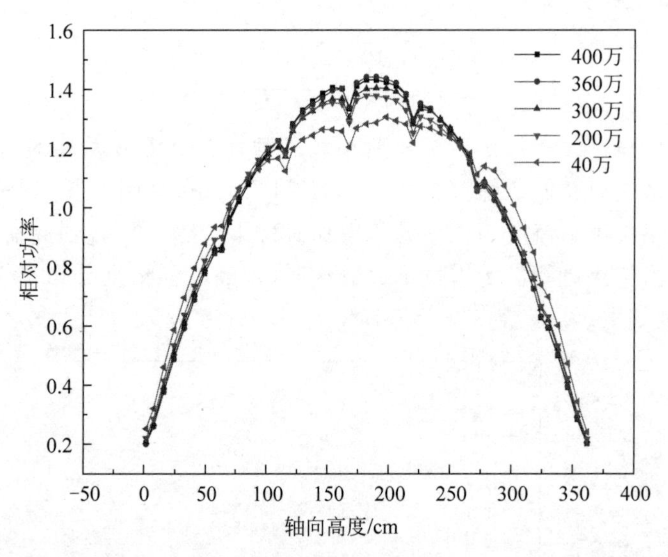

图 3.19　轴向功率与每次更新氙所用粒子数间的关系(见文前彩图)

活跃代中只在每个 Batch 的末代对氙密度进行更新。非活跃代分为前期和后期,非活跃代前期只负责源收敛迭代,而非活跃代后期则对源和氙密度同时进行迭代,源迭代每代都更新,而氙迭代与活跃代一样,也以 Batch 为单位进行氙密度更新。改进平衡氙方法的结果验证将在 3.5.2 节给出。

3.4　基于 pin-by-pin 燃耗的换料方法

RMC 已具备了输运-燃耗耦合计算功能[89]。该功能通过蒙卡程序 RMC 耦合点燃耗求解器,可以得到反应堆燃料在燃耗过程中核素密度的变化。然而,反应堆的运行是一个长期的过程,包括初始循环、过渡循环和平衡循环。到了每个循环末,由于反应性不足,需要进行换料,包括新燃料的引入以及旧燃料位置的改变。由于缺少蒙卡换料功能,大部分具有燃耗计算功能的蒙卡程序只能进行初始循环的燃耗计算。本书在 RMC 中开发了内置蒙卡换料功能,为全堆大规模精细燃耗计算的换料提供了方法和工具。

3.4.1　蒙卡输运-燃耗耦合计算介绍

在 RMC 中开发了内置点燃耗求解器 DEPTH[89],RMC 和 DEPTH 通

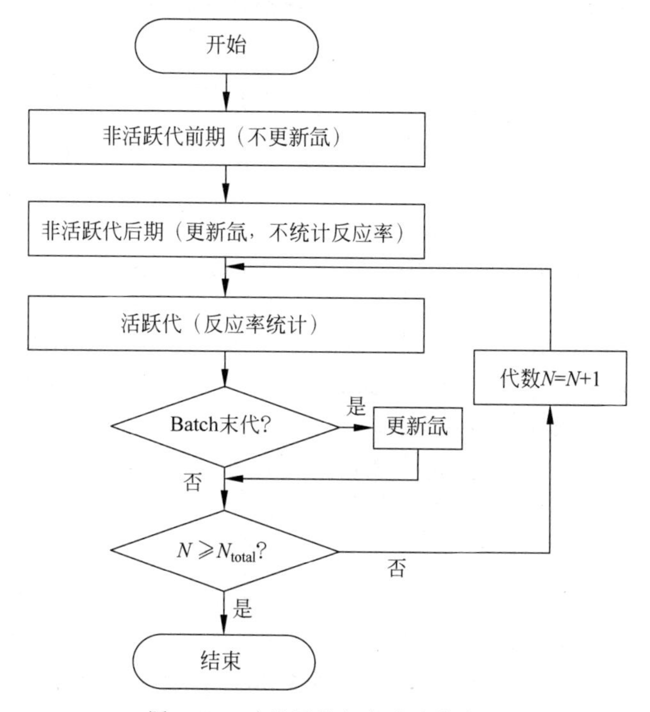

图3.20　改进平衡氙方法迭代流程

过内耦合实现输运-燃耗耦合计算。RMC-DEPTH 的耦合计算开发了很多针对高效全堆大规模精细燃耗计算的算法[86]，包括：

（1）重复结构中燃耗栅元和材料的自动展开功能，降低了燃耗计算输入卡的编写难度。

（2）并行燃耗计算功能，提高了点燃耗计算的效率。

（3）栅元计数器的栅元映射方法和栅元哈希表方法，提高了蒙卡输运计算中反应率(特别是燃耗相关单群截面)的统计效率。

（4）3.2.2节提到的燃耗数据的数据分解功能，减少了燃耗数据的内存消耗。

每个底层燃耗栅元在 RMC-DEPTH 耦合燃耗计算中都被视为独立的燃耗区，每个独立的燃耗区由不同的燃耗深度和核素组成，从而实现精细的 pin-by-pin 三维燃耗计算。耦合燃耗计算的数据关系及流程如图3.21所示。几何和材料数据是蒙卡输运计算的必要条件，也是反应率统计的基础，几何数据为反应率计数器的统计提供定位，而材料数据为反应率计数器的统计提供宏观截面。蒙卡输运结束后，反应率计数器中的燃耗相关单群截

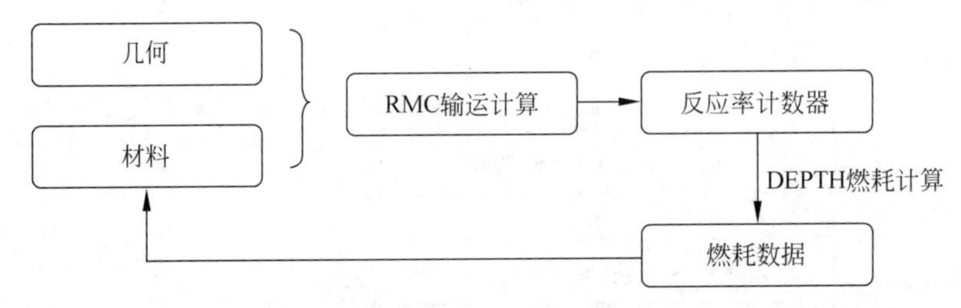

图 3.21　RMC-DEPTH 耦合燃耗流程

面可以作为 DEPTH 燃耗计算的输入参数，每个燃耗区分别进行点燃耗计算，从而得到各个燃耗区的燃耗数据，每个燃耗区的燃耗数据中有将近 1 500 种核素。再以这些核素的反应率大小为重要依据，从燃耗数据中筛选出重要的核素作为更新的材料数据。由此可以继续进行下一次蒙卡输运计算。

3.4.2　蒙卡换料功能

蒙卡换料计算的难点在于，每个燃耗区在 RMC-DEPTH 耦合燃耗计算中均作为独立的燃耗计算单元，在全堆精细燃耗计算中有百万乃至千万的燃耗区，需要对这些燃耗区逐一进行显式换料。在以往的一些研究当中，通常是通过把材料信息输出到外部文件，并采用外部接口程序来处理或者修改外部文件，从而实现换料的目的。然而对于全堆精细燃耗计算，使用这种方式会导致外部文件非常巨大，外部接口程序对这些外部文件进行处理也比较困难；同时通用性较差，难以处理多种类型燃料。此外，含有毒物棒时的换料问题也是需要解决的难题。

因此，在 RMC 中开发了内置蒙卡换料功能。换料的过程由 RMC 程序内部自动实现，用户只需要根据换料方案（见图 3.22）填写输入，如图 3.23 所示。在图 3.23 中，“0”代表此处不是燃料组件，负数如“－1”代表此处燃料为新料，其中“1”为新料的材料编号。其他正数如“57”代表该处组件将被其他组件替换，替换后的组件来自原来位于重复几何栅格中的第 57 号组件。图 3.23 中的输入方式结合了 RMC 的重复结构中燃耗栅元和材料的自动展开功能，从而使全堆燃耗及换料计算的用户输入非常简便。

RMC 中内置蒙卡换料功能的实现利用了 RMC 的材料数据-几何栅元-计数器-燃耗数据映射关系。其中，几何和燃耗计数器通过栅元-计数器映射关联，几何和材料通过栅元-材料映射（LatMatMap）关联，而燃耗数据、燃

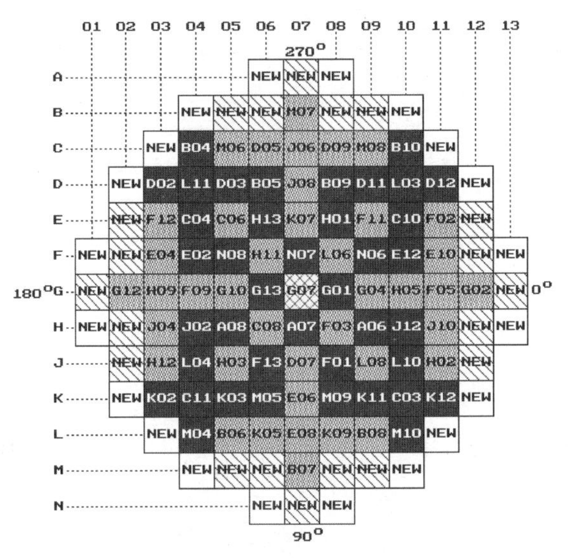

图 3.22　秦山二期第二循环堆芯装载方案

0	0	0	0	0	0	0	0	0	0	0	0	0	0	0	0	0
0	0	0	0	0	0	0	0	0	0	0	0	0	0	0	0	0
0	0	0	0	0	0	0	-1	-1	-1	0	0	0	0	0	0	0
0	0	0	0	0	-1	-1	-1	230	-1	-1	-1	0	0	0	0	0
0	0	0	0	-1	57	229	92	178	96	231	63	-1	0	0	0	0
0	0	0	-1	89	217	90	58	180	62	98	209	99	-1	0	0	0
0	0	0	-1	133	74	76	168	196	156	132	80	123	-1	0	0	0
0	0	-1	-1	108	106	248	166	247	212	246	116	114	-1	-1	0	0
0	0	-1	150	164	130	148	151	145	139	142	160	126	140	-1	0	0
0	0	-1	-1	176	174	44	78	43	124	42	184	182	-1	-1	0	0
0	0	0	-1	167	210	158	134	94	122	214	216	157	-1	0	0	0
0	0	0	-1	191	81	192	228	110	232	200	73	201	-1	0	0	0
0	0	0	0	-1	227	59	194	112	198	61	233	-1	0	0	0	0
0	0	0	0	0	-1	-1	-1	60	-1	-1	-1	0	0	0	0	0
0	0	0	0	0	0	0	-1	-1	-1	0	0	0	0	0	0	0
0	0	0	0	0	0	0	0	0	0	0	0	0	0	0	0	0
0	0	0	0	0	0	0	0	0	0	0	0	0	0	0	0	0

图 3.23　换料方案的输入

耗计数器和材料一一顺序对应，如图 3.24 所示。

引入新的映射关系 GeoCellofAssembly，用来记录换料前每个组件中包含的栅元原来的几何栅元序列，即该组件从哪里来。结合原有的栅元-材料映射(LatMatMap)，即可得到换料后的栅元-材料映射 LatAssemblyMatMap，如图 3.25(a)所示。同时支持多次换料操作，第 n 次的映射 LatAssemblyMatMap[n]

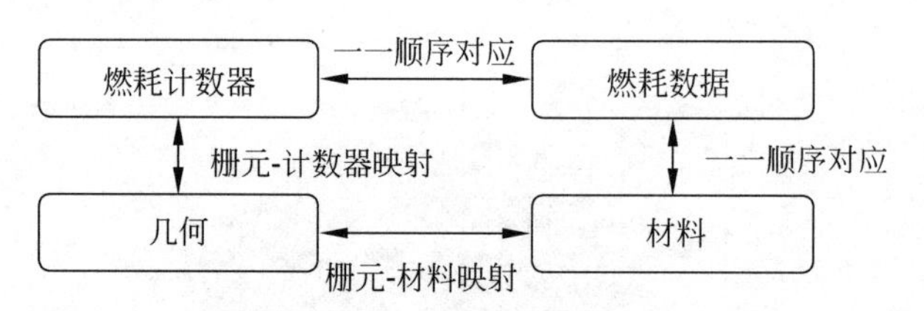

图 3.24　材料数据-几何栅元-计数器-燃耗数据映射关系

由 GeoCellofAssembly[n]和 LatAssemblyMatMap[$n-1$]决定，如图 3.25(b)所示。

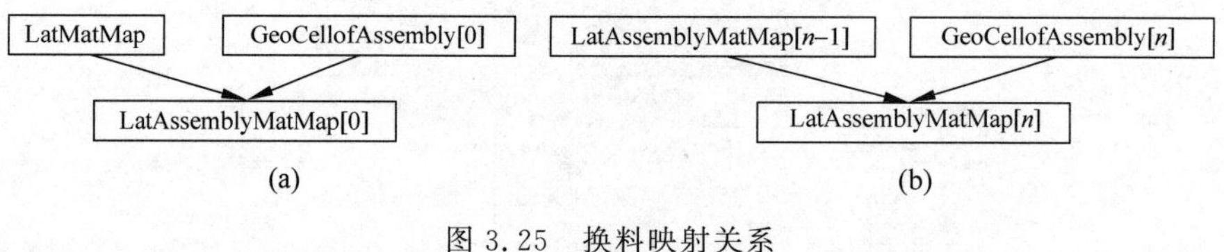

图 3.25　换料映射关系

(a) 第 1 次换料；(b) 第 n 次换料

而对于燃耗数据、燃耗计数器和材料之间的对应关系，采取燃耗数据存放顺序保持最开始的顺序不变的策略。通过引入新的映射关系 BurnableCellToCell，记录燃耗数据中最开始的各个材料由于换料被放到了哪个栅元，找到该栅元对应的计数器，从而保证燃耗数据与燃耗计数器始终保持正确的映射关系。

对反应堆中倒换料的两种操作：倒料（旧料之间的倒换）和换料（换入新料）采用不同的处理方法。倒料通过上述的映射关系实现替换，新料则在更新材料时直接替换成新的材料。

3.5　数值验证

本节对综合并行燃耗算法、改进氙平衡修正算法和蒙卡换料功能分别进行了测试。

3.5.1　综合并行燃耗算法测试

3.5.1.1　区域分解＋OpenMP

第 1 个算例是压水堆 17×17 组件，如图 2.11 所示。燃料中有 134 种核素，采用 RMC 进行带燃耗单群截面统计的输运计算，每代中子数为 960

万,10 个非活跃代,290 个活跃代。计算平台为天河二号超级计算机,采用 960 核并行。采用 4 种计算方式,分别是：T1C960D1、T12C80D1、T1C960D4 和 T12C80D4。其中,T 代表每个进程分的线程数(T1 代表不采用 MPI/OpenMP 混合并行),C 代表进程数,而 D 代表区域数(D1 代表不采用区域分解)。表 3.5 比较了 4 种方法的 k_{inf} 和时间。

表 3.5　区域分解 4 种方法的 k_{inf} 和时间

方　　法	$k_{\mathrm{inf}} \pm \sigma$	用时/min
4 区＋OpenMP(T12C80D4)	1.403 157±0.000 018	53.16
4 区(T1C960D4)	1.403 157±0.000 018	74.74
纯 MPI(T1C960D1)	1.403 165±0.000 018	55.57
纯 MPI/OpenMP(T12C80D1)	1.403 161±0.000 018	41.15

表 3.5 对比了不采用区域分解的两种情况 T1C960D1 和 T12C80D1,可以发现,采用 MPI/OpenMP 混合并行算法的计算效率更高,这是因为当 MPI 进程数较多(或燃耗区数目较多)时,计数器的归总操作(MPI_Allreduce)会造成大量的 MPI 集合通信,从而增加耗时。采用 MPI/OpenMP 混合并行,可以减少 MPI 进程数,从而减少 MPI 集合通信的耗时。采用 MPI/OpenMP 混合并行的耗时为采用纯 MPI 的 74%。

对比采用区域分解的两种情况 T1C960D4 和 T12C80D4 也可以发现,采用 MPI/OpenMP 混合并行与区域分解结合的计算效率比纯区域分解要高,耗时为纯区域分解的 71%。如果比较两种采用 MPI/OpenMP 混合并行的情况 T12C80D4 和 T12C80D1,可以得出区域分解的耗时是无区域分解的 1.29 倍。

第 2 个算例是 Hoogenboom-Martin(H-M)[90]基准题,全堆有 241 个组件,每个组件有 264 根燃料棒,共有 63 624 根燃料棒。轴向不分区,因此共有 63 624 个燃耗区。区域分解分别采用径向 8 区和径向 16 区,分别如图 3.26 和图 3.27 所示。区域划分尽量保持均匀,即每个区域的组件数尽量一致且其位置尽量对称。

采用 RMC 进行带燃耗单群截面统计的输运计算,每代中子数为 10 万,250 个非活跃代,500 个活跃代。计算平台为天河二号超级计算机,采用 4 种计算方式,分别是：T1C8D8、T1C8D1、T1C16D16 和 T1C16D1。表 3.6 比较了 4 种方法的 k_{eff} 和时间。

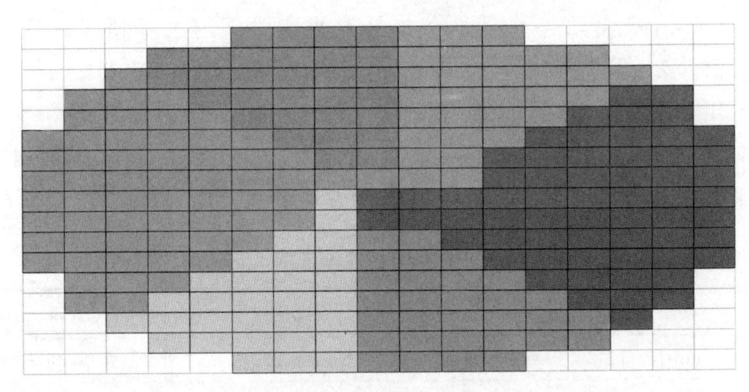

图3.26 径向8区

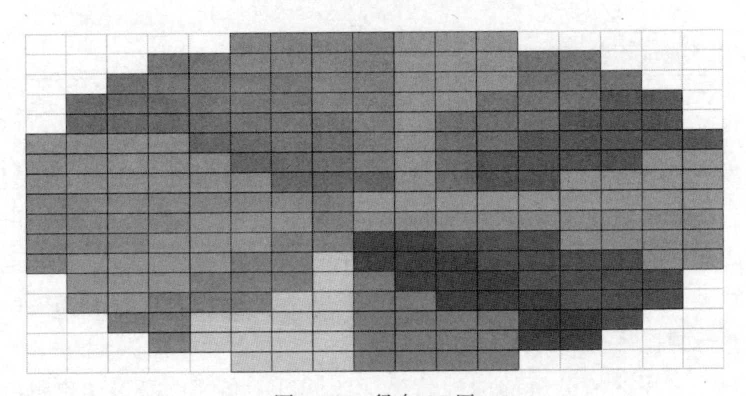

图3.27 径向16区

表3.6 H-M基准题区域分解4种方法的 k_{eff} 和时间

方法	$k_{eff} \pm \sigma$	用时/min
8区(T1C8D8)	0.686 366±0.000 082	247.58
纯MPI(T1C8D1)	0.686 413±0.000 082	227.78
16区(T1C16D16)	0.686 450±0.000 082	157.95
纯MPI(T1C16D1)	0.686 413±0.000 082	134.28

表3.6分别比较了T1C8D8和T1C8D1、T1C16D1和T1C16D16,可以看出,在全堆计算中,径向划分8区的时间是不划分的1.0869倍,而径向划分16区的时间是不划分的1.1763倍。因此,区域分解划分的区域数目越多,越容易导致负载不均,造成效率的下降。

第3个算例还是H-M基准题,轴向划分10层,共636 240个燃耗区,此时由于内存限制已无法采用单纯的MPI并行。采用96核并行,分别用

8 区＋OpenMP(T12C8D8)和纯 MPI/OpenMP(T12C8D1)。采用 RMC 进行带燃耗单群截面统计的输运计算,每代中子数为 10 万,250 个非活跃代,500 个活跃代。计算平台为天河二号超级计算机,表 3.7 比较了 3 种方法的 k_{eff} 和时间。

表 3.7　H-M 基准题区域分解＋OpenMP 的 k_{eff} 和时间

方　　法	$k_{\mathrm{eff}} \pm \sigma$	用时/min
8 区＋OpenMP(T12C8D8)	0.686 444±0.000 082	22.95
纯 MPI/OpenMP(T12C8D1)	0.686 471±0.000 082	84.01
纯 MPI/OpenMP＋Batch(T12C8D1_Batch50)	0.686 471±0.000 082	28.10

从表 3.7 可以看出,带区域分解(T12C8D8)的用时仅为纯 MPI/OpenMP(T12C8D1)的 27.6%。原因是 T12C8D1 有 8 个进程,每个进程的燃耗截面计数器有 636 240 个,当每个进程的燃耗区很多时,计数器的归总操作(MPI_ Allreduce)会造成大量的 MPI 集合通信,从而增加耗时。而 T12C8D8 每个进程的燃耗区计数器约为 79 530 个,且区域内的进程只需与本区域的进程进行集合通信(本算例中每个区域只有一个进程),因此集合通信的耗时很少。

为了减少集合通信的耗时,引入了计数器的组统计方法,即 Batch 方法。500 个活跃代划分为 50 个 Batch,每个 Batch 有 10 代。组统计方法不会改变计数器结果的均值,合理地划分 Batch 还有助于消除计数器反应率的方差低估计现象。表 3.7 中的 T12C8D1_Batch50 是组统计的结果,其耗时为 T12C8D1 的 33.45%,大大提高了计算效率。

本节进一步对比了使用 Batch(Batch＝50)和不使用 Batch(Batch＝500)的耗时,如图 3.28 所示。可以看出,在没有集合通信时每代用时约为 0.0326 min,而有集合通信时则为 0.1586 min,集合通信每代的时间是不通信的 4.9 倍。

可见,当每个进程的燃耗区很多或者进程数很多时,集合通信比蒙卡粒子输运模拟时间还多,占据了大部分计算时间。因此,在全堆大规模燃耗并行计算中,采用组统计方法可以有效地减少通信耗时。而区域分解的使用也可以减少通信耗时,当一个区域有多个进程时,采用区域分解和组统计的结合可以进一步减少通信耗时。

第 4 个算例是为了探究区域分解、燃耗数据分解和 OpenMP 结合时,在天河二号 64 GB 节点可以达到的燃耗区数目,同时也考察区域分解和组

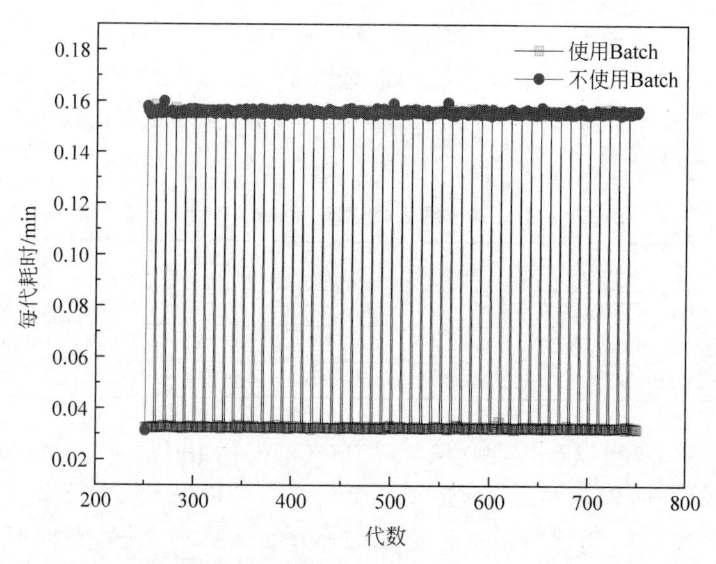

图 3.28　使用 Batch 和不使用 Batch 的耗时

统计结合的效果。还是 H-M 基准题，轴向划分 300 层，共 1900 万个燃耗区。根据表 3.1 中的数据，如果仅采用纯 MPI/OpenMP，即使每个节点只有一个进程(即每个进程分 24 线程)，单是材料的内存消耗就已经达到 90.83 GB，超过了天河二号单节点内存。

采用 RMC 进行带燃耗单群截面统计的输运计算，每代中子数为 10 万，250 个非活跃代，500 个活跃代。计算平台为天河二号超级计算机，全堆划分为 32 个区域，即在图 3.27 的径向 16 区基础上，轴向再平均分两区。每个区域 3 个进程，每个进程 12 个线程，共 1152 个核。每个区域 60 万个燃耗区，因此每个区域内的三个进程的集合通信量均为 60 万个计数器。不采用 Batch 时，记为 T12C96D32_NoBatch，在 T12C96D32_NoBatch 基础上加入组统计，Batch＝50，记为 T12C96D32_Batch50。

表 3.8 比较了两种方法的 k_{eff} 和时间。可以看出，在区域分解＋OpenMP 与组统计结合之后，时间消耗为不使用组统计的 24.15%，大大提高了计算效率。

表 3.8　H-M 基准题区域分解＋OpenMP 与采用组统计的 k_{eff} 和时间

方　　法	$k_{\mathrm{eff}}\pm\sigma$	用时/min
32 区＋OpenMP(T12C96D32_NoBatch)	0.686 332±0.000 082	72.96
32 区＋OpenMP＋Batch(T12C96D32_Batch50)	0.686 397±0.000 082	17.62

3.5.1.2　计数器数据分解＋OpenMP

第 1 个算例是压水堆 17×17 组件，如图 2.11 所示。燃料中有 134 种核素，采用 RMC 进行带燃耗单群截面统计的输运计算，每代中子数为 960 万，10 个非活跃代，290 个活跃代。计算平台为天河二号超级计算机，采用 960 核并行。采用 3 种计算方式，分别是：T12C80_NoTD（纯 MPI/OpenMP，不采用计数器数据分解）、T12C80_TD_Lock（MPI/OpenMP 混合并行，采用有锁计数器数据分解）和 T12C80_TD_Lockless（MPI/OpenMP 混合并行，采用无锁计数器数据分解）。三者的计算时间对比如图 3.29 所示，可以看出，第 10 代以后，有锁计数器数据分解的计算耗时增加非常显著，而无锁计数器数据分解的耗时则增加较少。图 3.30 给出了有锁和无锁计数器数据分解的每代用时，在活跃代，无锁计数器数据分解的每代用时为无数据分解的两倍，而有锁计数器数据分解的每代用时为无数据分解的 14.8 倍。后面的算例均采用无锁计数器数据分解。

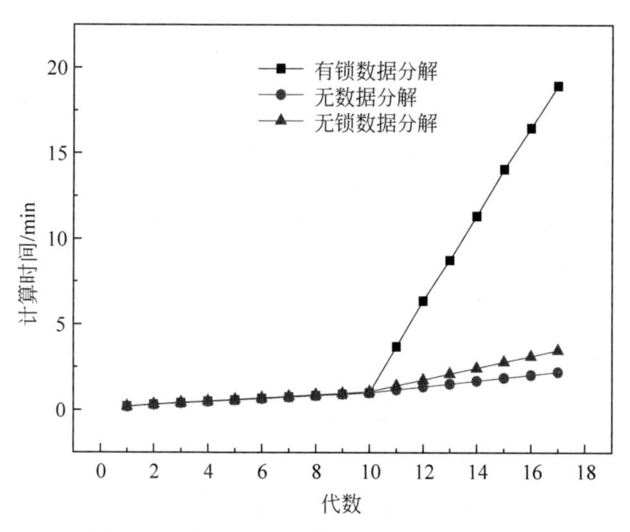

图 3.29　有锁和无锁计数器数据分解的耗时

第 2 个算例采用 H-M 基准题，轴向不分区，共有 63 624 个燃耗区。采用 48 核并行，分别用 4 种方法：纯 MPI（T1C48）和纯数据分解（T1C48_TD）、纯 MPI/OpenMP 混合并行（T12C4）和 OpenMP＋数据分解（T12C4_TD）。采用 RMC 进行带燃耗单群截面统计的输运计算，每代中子数为 10 万，250 个非活跃代，500 个活跃代。计算平台为天河二号超级计算机，表 3.9 比较了 4 种方法的 k_{eff} 和时间。

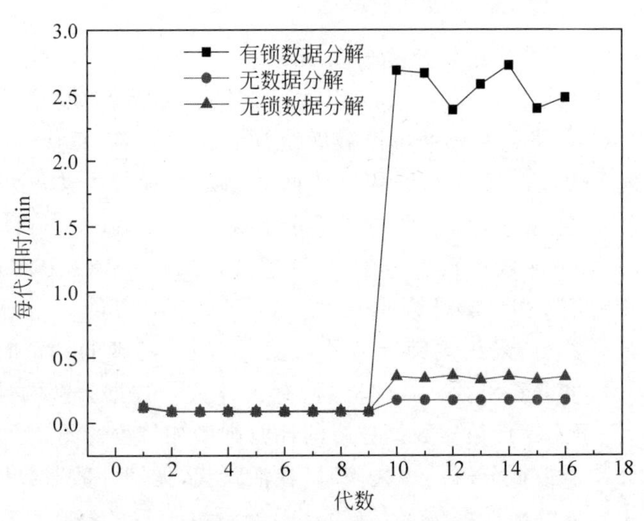

图 3.30　有锁和无锁计数器数据分解的每代用时

表 3.9　H-M 基准题数据分解＋OpenMP 的 k_{eff} 和时间

方　　法	$k_{eff}\pm\sigma$	用时/min
纯 MPI(T1C48)	0.686 413±0.000 082	60.85
纯数据分解(T1C48_TD)	0.686 413±0.000 082	55.68
纯 MPI/OpenMP(T12C4)	0.686 413±0.000 082	43.38
数据分解＋OpenMP(T12C4_TD)	0.686 413±0.000 082	48.11

表 3.9 对比了 T1C48 和 T12C4，可以看出，MPI/OpenMP 混合并行减少了集合通信，提高了效率，时间为纯 MPI 的 71.29%。对比 T1C48 和 T1C48_TD 可以看出，采用数据分解后，由于进程之间不需要进行计数器的集合通信，也提高了效率，时间为纯 MPI 的 91.5%。

对比 T1C48_TD 和 T12C4_TD，两者均不需要计数器的集合通信，而 T12C4_TD 比 T1C48_TD 效率更高，其原因是 T12C4_TD 用了 4 个进程而 T1C48_TD 用了 48 个进程，证明了随着进程数的增多，数据分解的效率将会下降。

对比 T12C4 和 T12C4_TD，可见无锁数据分解为纯 MPI/OpenMP 混合并行的 1.109 倍。因此，RMC 中开发的无锁数据分解的计算时间与相同进程数的纯 MPI/OpenMP 混合并行相近，在进程数较少时，可以保证计算效率不明显下降。

第 3 个算例采用表 3.7 中的 H-M 基准题，共 636 240 个燃耗区，采用 96 核并行。从表 3.10 可以看出，数据分解＋OpenMP 的时间比纯 MPI/

OpenMP 混合并行的要少，原因是燃耗区数目较大时，数据分解可以省去计数器的集合通信时间。但是数据分解＋OpenMP 的效率比区域分解＋OpenMP 的效率要低。

表 3.10　H-M 基准题区域分解＋OpenMP 和数据分解＋OpenMP 的 k_{eff} 和时间

方　　法	$k_{eff}\pm\sigma$	用时/min
8 区＋OpenMP(T12C8D8)	0.686 444±0.000 082	22.95
纯 MPI/OpenMP(T12C8D1)	0.686 471±0.000 082	84.01
数据分解＋OpenMP(T12C8D1_TD)	0.686 471±0.000 082	29.42

当继续增大燃耗区数目到 1900 万时，如果采用数据分解＋OpenMP，根据式(3-2)，即使每个节点只有一个进程(即每个进程包括 24 线程)，单是材料的内存消耗就已经达到 90.83 GB，超过了天河二号单节点内存。根据式(3-2)，可以算出数据分解＋OpenMP 的理论燃耗区数目上限，即进程数趋近无穷，每个节点只有一个进程时，能达到 1305.76 万个燃耗区。

第 4 个算例是为了探究区域分解、混合并行和计数器数据分解三者结合的效率，采用表 3.8 的 H-M 基准题，共 1900 万个燃耗区。采用 RMC 进行带燃耗单群截面统计的输运计算，每代中子数为 10 万，250 个非活跃代，500 个活跃代。计算平台为天河二号超级计算机，每个进程 12 个线程，共 1152 个核。三者结合采用径向分 8 个区，每个区 12 个进程，开启数据分解，记为 T12C96D8_TD。

表 3.11 比较了三种方法的 k_{eff} 和时间。可以看出，区域分解＋OpenMP＋数据分解(T12C96D8_TD)的耗时比区域分解＋OpenMP 的耗时多。而且区域分解＋OpenMP＋组统计的效率是最高的。

表 3.11　H-M 基准题区域分解＋OpenMP＋数据分解的 k_{eff} 和时间

方　　法	$k_{eff}\pm\sigma$	用时/min
32 区＋OpenMP(T12C96D32_NoBatch)	0.686 332±0.000 082	72.96
8 区＋数据分解＋OpenMP(T12C96D8_TD)	0.686 395±0.000 082	95.75
32 区＋OpenMP＋Batch(T12C96D32_Batch50)	0.686 397±0.000 082	17.62

3.5.2　改进平衡氙方法测试

采用图 3.20 的改进平衡氙方法，计算图 3.19 的 VERA 基准题 Problem 7 的压水堆全堆模型，平衡氙的更新采用式(3-6)和式(3-7)中的饱和平衡氙，计算条件仍为每代 10 万个粒子，200 个非活跃代，400 个活跃代。

结合图 3.20，在 Problem 7 算例中，非活跃代前期取 40 代，后期取 160 代。Batch 大小为 40 代，即非活跃代后期进行 4 次氙密度更新，活跃代进行 10 次氙密度更新，每次更新氙所用粒子数为 400 万。k_{eff} 随氙迭代次数的变化如图 3.31 所示。同时平均氙密度 $N_{\mathrm{Xe}}^{\mathrm{ave}}$ 随氙迭代次数的变化如图 3.32 所示。可以看出，随着迭代次数增加平均氙密度也在增加，从而 k_{eff} 随着迭代次数减小，迭代到第 5 次后平均氙密度和 k_{eff} 都基本收敛。

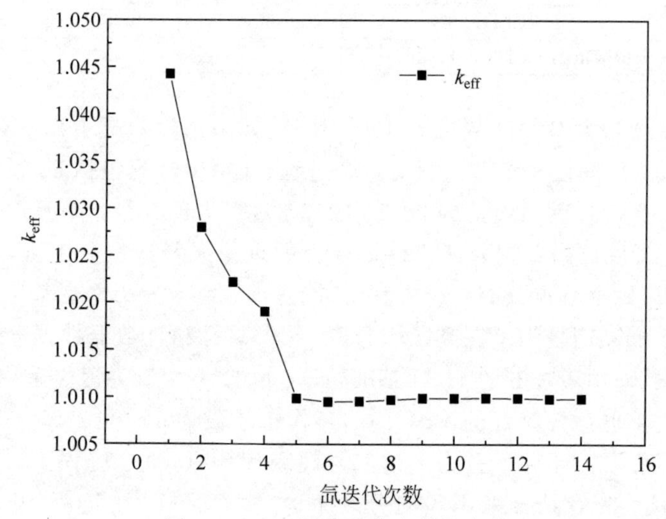

图 3.31　k_{eff} 随氙迭代次数的变化

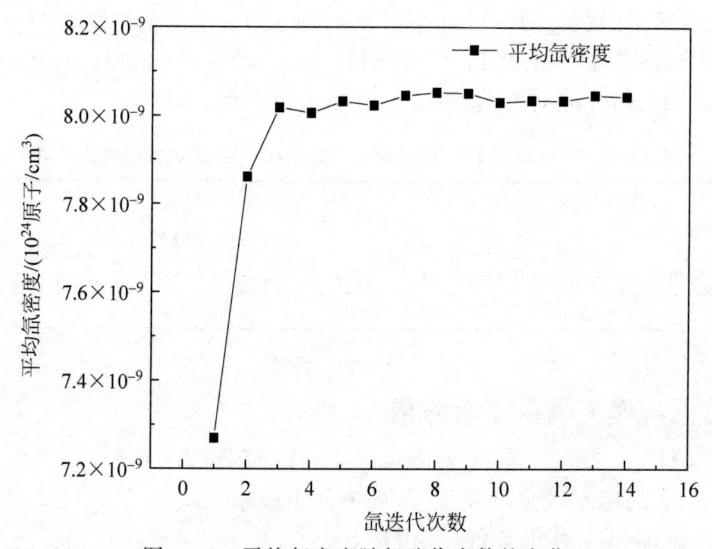

图 3.32　平均氙密度随氙迭代次数的变化

图 3.33 为平衡氙方法与一步燃耗计算的轴向功率比较，可以看出，引入 Batch 的改进平衡氙方法比每代都更新的旧平衡氙方法与一步燃耗计算的结果更一致。考虑到在一步燃耗计算中，裂变核素如 ^{235}U 的消耗会使轴向功率变得均匀，而平衡氙方法中的 ^{235}U 并不消耗，一步燃耗计算在 2.5 天燃耗末的轴向功率比平衡氙方法更均匀，与图 3.33 的结果一致。而对于每代都更新的旧平衡氙方法，由于一代的中子很大概率会聚集在堆芯中部通量大的地方，由于堆芯中部通量大所以对应的饱和氙浓度也大，从而造成图 3.18 中平均氙密度的高估，而高估的氙密度又产生在堆芯中部，所以导致图 3.17 中堆芯中部通量的过度减小。

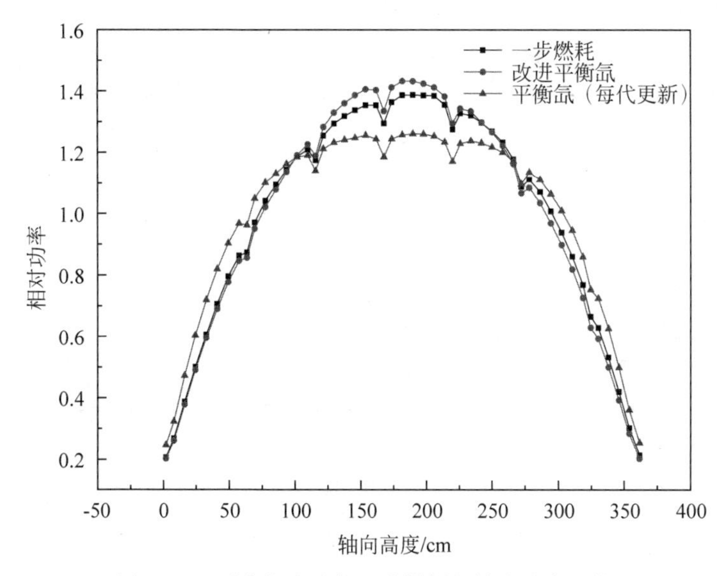

图 3.33 平衡氙方法与一步燃耗的轴向功率比较

综上，每次更新氙所用粒子数的选取对平衡氙方法在大规模燃耗计算中的收敛性非常重要。因此有必要提出一个参数，定量地判断每次更新氙所用粒子数是否足够。由于式(3-8)中的平均氙密度具有问题相关性，因此本书引入了另外一个参数“氙密度非 0 网格数的比例”，设全堆总共 M 个燃耗网格，网格划分比较均匀，通过平衡氙公式计算得到的氙密度大于 0 的燃耗网格数为 D，则该比例系数 K_{NonZero} 为

$$K_{\text{NonZero}}=\frac{D}{M} \tag{3-9}$$

图 3.34 给出了 K_{NonZero} 与每次更新氙所用粒子数的关系。由图 3.19 可

知，当每次更新氙所用粒子数至少为 360 万时，才能得到正确的通量分布，此时 K_{NonZero} 为 98.14%。因此可以推断，在全堆大规模燃耗计算中，只有当 K_{NonZero} 大于 98%时，所选取的更新氙所用粒子数才足以让氙密度分布收敛。

本书提出的改进平衡氙方法及其收敛判据，相比于每代都更新的旧平衡氙方法，可以减少每代所需的粒子数，在确保氙密度分布收敛的前提下，减少所需的计算量。

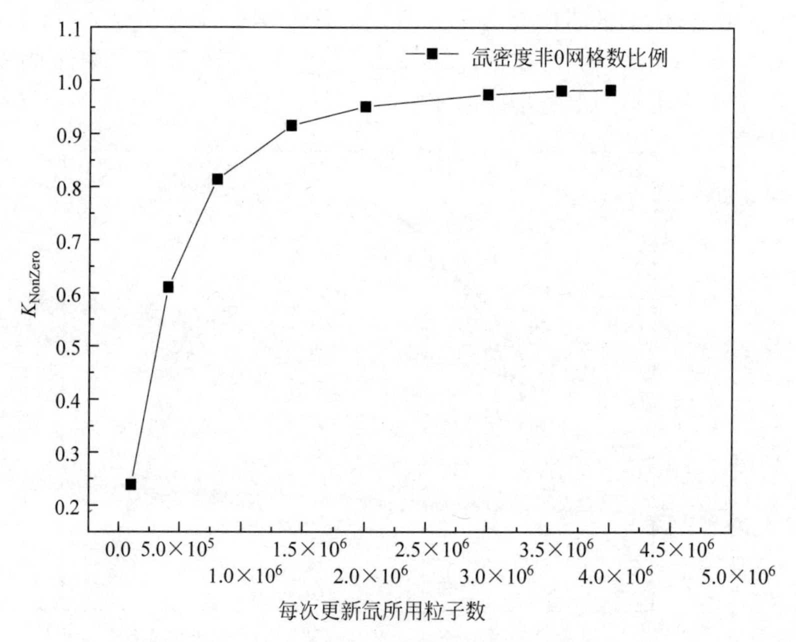

图 3.34　K_{NonZero} 与每次更新氙所用粒子数的关系

3.5.3　蒙卡换料功能测试

采用了两个模型对蒙卡换料功能进行测试。

3.5.3.1　mini core 模型

第 1 个模型是 mini core 模型，用来验证 RMC 换料功能的正确性。这个小堆包含 3×3 个组件，每个组件有 2×2 根棒，总共有 36 个燃耗区（如图 3.35），因此可以通过外部文件人为地实现换料操作。

在 RMC 计算中，每代采用 10 万个粒子，200 个非活跃代和 300 个活跃代。分别构造了 3 个算例进行测试。

第 1 个算例中，燃耗到 2000 MWd/t(HM)时，将所有燃耗过的棒都替

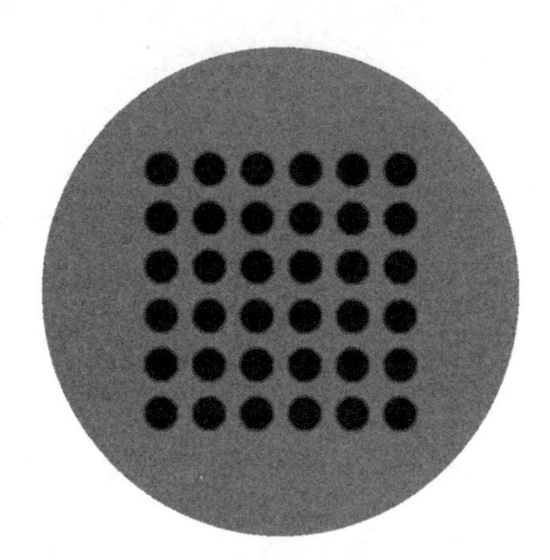

图 3.35　mini core 模型

换为新料。因此，k_{eff} 的趋势在 2000 MWd/t(HM)后应该会重复 0～2000 MWd/t(HM)的趋势，k_{eff} 的对比如图 3.36 所示。其中"平移"代表燃耗在 2000～4000 MWd/t(HM)的曲线向左平移到 0～2000 MWd/t(HM)。可以看出，平移的曲线(虚线)与原来的曲线(实线)在 0～2000 MWd/t(HM)几乎是重合的。

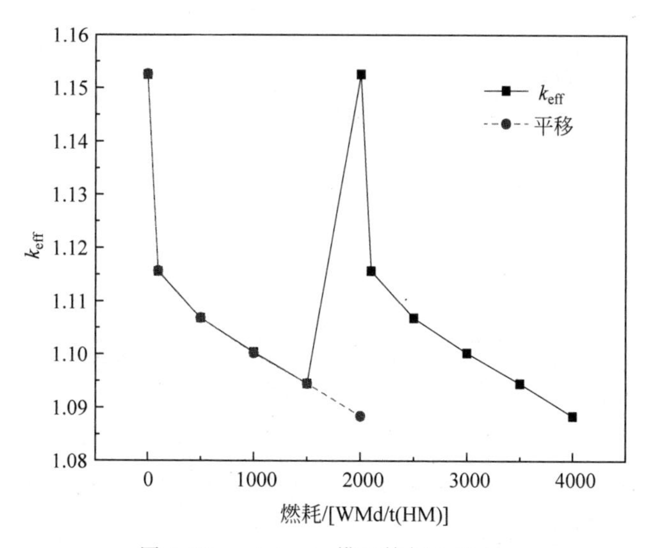

图 3.36　mini core 模型算例 1 的 k_{eff}

第 2 个算例中，采用一种典型的换料操作，即在 2000 MWd/t(HM)时，用中间组件替换掉左上方的组件，而原来左上方的组件被移出堆外，将中间组件换成新料，如图 3.37 所示。

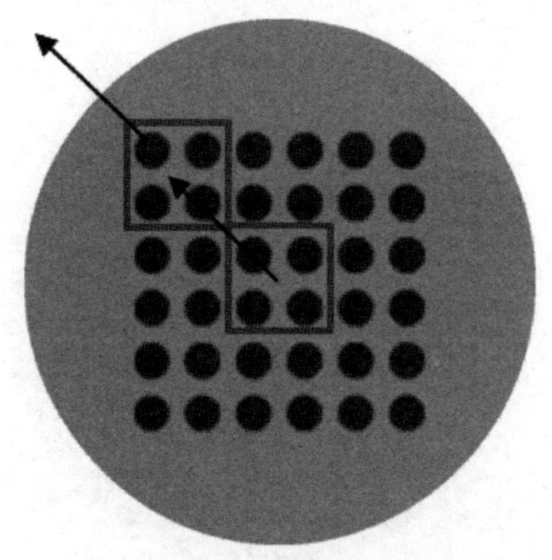

图 3.37 mini core 模型算例 2 的换料操作

比较了 4 种处理方式，分别是：不换料、手动换料、自动换料和带预估-校正的自动换料，k_{eff} 对比如图 3.38 所示。可以看出，换料后的 k_{eff} 会大于换料前的 k_{eff}，自动换料、带预估-校正的自动换料与手动换料的结果符合得很好。

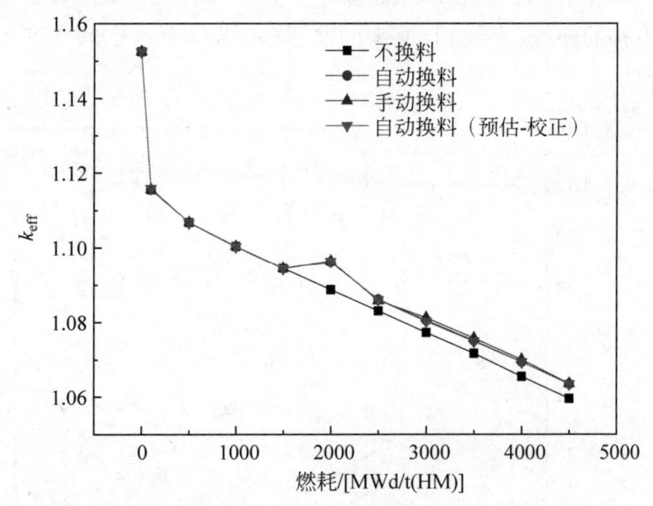

图 3.38 mini core 模型算例 2 的 k_{eff}

第 3 个算例是算例 1 和算例 2 的结合，即在 2000 MWd/t(HM)时进行一次图 3.37 的换料操作，然后在 3500 MWd/t(HM)时将全部燃料棒替换为新料，到了 5500 MWd/t(HM)再进行一次图 3.37 的换料操作，结果如图 3.39 所示。其中"平移"代表燃耗在 3500～7000 MWd/t(HM)的曲线向左平移到 0～3500 MWd/t(HM)。可以看出平移的曲线(虚线)与原来的曲线(实线)在 0～3500 MWd/t(HM)几乎是重合的。

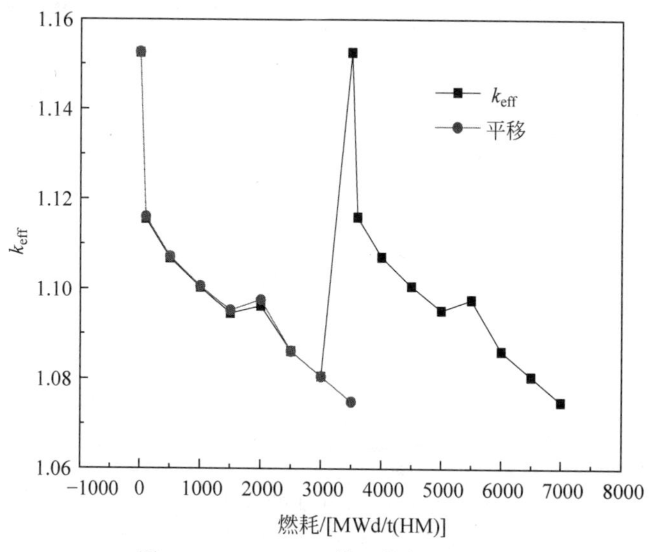

图 3.39　mini core 模型算例 3 的 k_{eff}

3.5.3.2　压水堆二维全堆模型

3.5.3.1 节已经测试了 RMC 内置换料功能的正确性。本节将对 RMC 换料功能在大规模燃耗计算中的处理能力进行测试。压水堆二维全堆模型如图 3.40 所示。全堆只有一种燃料组件，没有可燃毒物棒，第二循环引入的新料与第一循环的燃料是一样的。

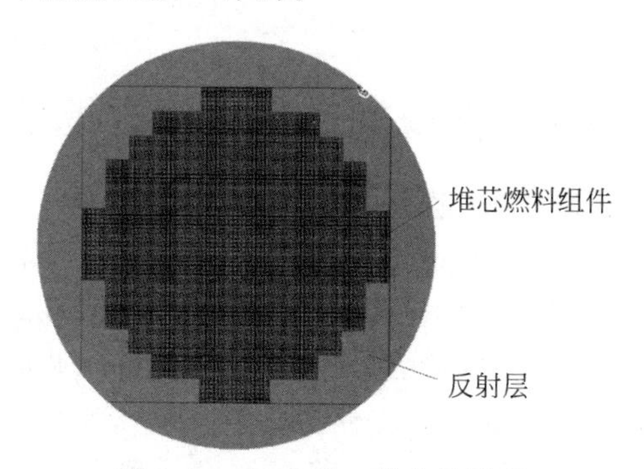

图 3.40　压水堆二维全堆模型

压水堆二维全堆模型的换料方案采用图 3.22 中的秦山二期第二循环堆芯装载方案，其输入卡如图 3.23 所示。在 RMC 计算中，采用每代 100 万个粒子，200 个非活跃代和 300 个活跃代，采用预估-校正策略提高燃耗计算的稳定性。换料操作在 10 000 MWd/t(HM)时进行。其 k_{eff} 如图 3.41 所示。

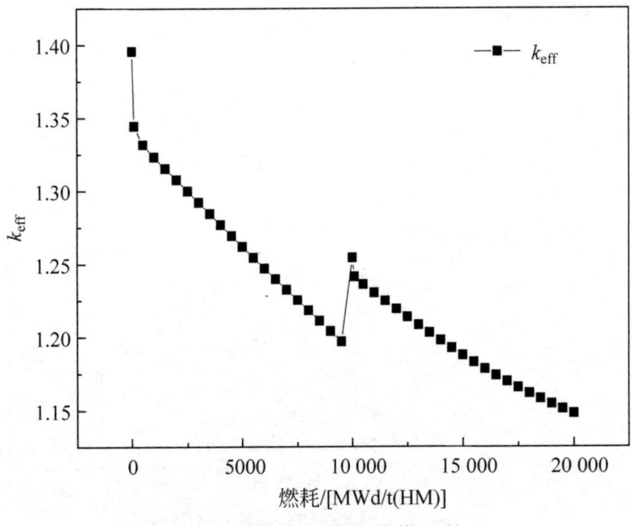

图 3.41　压水堆二维全堆模型的 k_{eff}

由图 3.41 可以看出，k_{eff} 在燃耗为 10 000 MWd/t(HM)时有一个阶跃。功率分布在 9500～10 000 MWd/t(HM)时也有一个明显的变化。9500 MWd/t(HM)时功率峰位于堆芯中部，而 10 000 MWd/t(HM)时由于引入的新料都放置在堆芯外围，导致 10 000 MWd/t(HM)时的功率峰移到了堆芯外围。换料之后，功率峰逐渐往堆芯中部移动。由于只有一种燃料组件且没有使用可燃毒物，所以换料后的功率分布不是很均匀。

3.6　全寿期高保真耦合策略

本书第 2 章介绍了蒙卡物理热工耦合方法，实现了蒙卡输运计算与子通道程序的耦合；第 3 章前面 5 节介绍了蒙卡多循环大规模燃耗计算方法，实现了蒙卡大规模精细燃耗计算以及基于 pin-by-pin 燃耗的蒙卡换料。在反应堆的全寿期燃耗计算中，由于不同燃耗步的堆芯反应性不同，还必须不断调节可溶硼浓度从而使堆芯保持临界。清华大学工程物理系 REAL 团队的李泽光基于微扰理论，在 RMC 中开发了硼浓度的临界搜索算法[92]。在一次输运计算中，利用微分算符法，估计出 k_{eff} 对硼浓度的一阶偏导系数 $\mathrm{d}k/\mathrm{d}a$ 和二阶偏导系数 $\mathrm{d}^2k/\mathrm{d}a^2$，已知 k_{eff} 与目标值(一般是 1)的差值为 Δk，代入式(3-10)求得硼浓度的差值 Δa，从而得到临界硼浓度。

$$\Delta k \doteq \frac{\mathrm{d}k}{\mathrm{d}a}\Delta a+\frac{1}{2!}\frac{\mathrm{d}^2k}{\mathrm{d}a^2}\Delta a^2 \tag{3-10}$$

本研究对若干关键技术在RMC中进行了集成开发，包括在线温度效应截面处理、全堆物理热工耦合、大规模精细燃耗和蒙卡换料等，从而构建具备输运-热工-燃耗-换料完整计算功能的全寿期高保真耦合模拟系统。具备输运-热工-燃耗-换料完整计算功能的RMC全寿期高保真耦合模拟流程如图3.42所示。

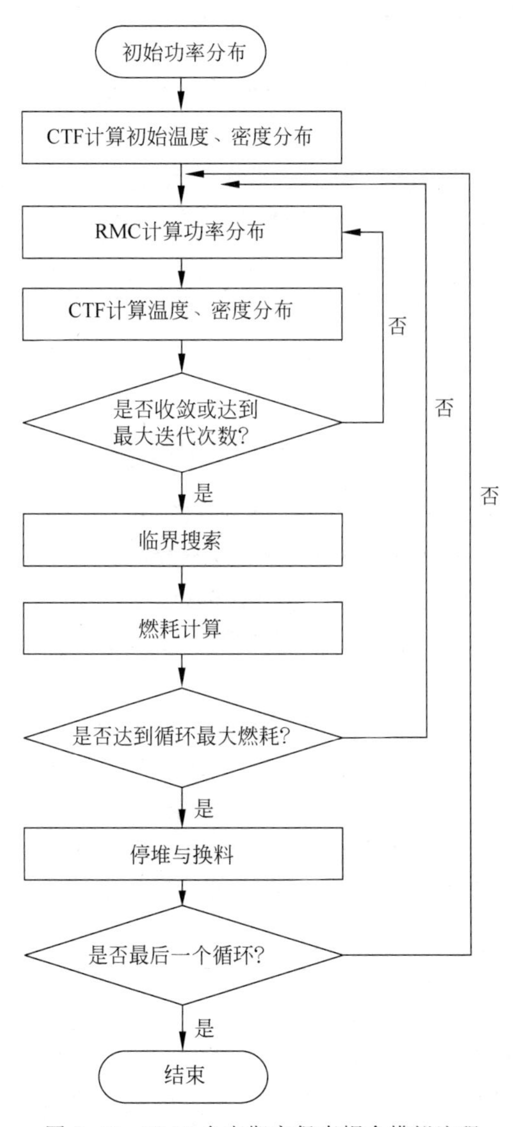

图3.42 RMC全寿期高保真耦合模拟流程

具体步骤如下：

（1）在每个燃耗点进行输运-热工耦合迭代，得到考虑热工水力反馈的 k_{eff} 和功率分布；

（2）根据耦合后的反应性进行临界搜索，通过调节硼浓度，使 k_{eff} 达到 1；

（3）以临界状态下的功率和反应率进行燃耗计算，从而得到下一个燃耗点的材料核素密度；

（4）利用新的材料核素密度，重复步骤 1～3 直到达到该循环的最大燃耗深度；

（5）根据输入的换料方案，进行蒙卡换料操作；

（6）停堆换料后，利用新的材料核素密度，重复步骤 1～5 直到最后一个燃料循环。

图 3.42 的耦合策略将具体应用到第 5 章 BEAVRS 基准题的两循环热态满功率耦合计算中。

3.7 本章小结

本章讨论了蒙卡多循环大规模燃耗计算的三个重要组成部分：基于综合并行的大规模燃耗计算方法、大规模蒙卡燃耗计算中的氙平衡修正以及基于 pin-by-pin 燃耗的蒙卡换料。大规模燃耗计算方法中，实现了区域分解与混合并行的结合，提出了计数器数据分解与混合并行结合的无锁方法以及区域分解与计数器数据分解结合的方法，并对这三种方法的内存消耗进行了定量分析，通过组件及全堆算例对三者的计算效率进行了比较。针对计数器归约中集合通信耗时的问题，提出了区域分解＋混合并行＋燃耗数据分解与组统计相结合的方法。大规模蒙卡燃耗计算的氙平衡修正中，针对原有平衡氙方法在全堆计算中的收敛问题，提出了基于 Batch 的改进平衡氙方法，同时提出了以氙密度非 0 网格数的比例作为平衡氙方法的收敛性判据。在基于 pin-by-pin 燃耗的蒙卡换料中，提出了基于材料数据-几何栅元-计数器-燃耗数据映射关系的内置蒙卡换料功能，并验证了其正确性及处理大规模精细燃耗换料问题的能力。通过对这三部分功能的研究及开发，RMC 具备了蒙卡多循环大规模精细燃耗计算的能力。最后，结合第 2 章介绍的蒙卡物理热工耦合方法，提出了输运-热工-燃耗-换料的耦合迭代策略，为高保真基准题的计算提供了基础。

第4章　随机介质精细计算方法研究与程序开发

4.1　引　　论

第1章已经介绍过，随机介质几何建模及输运计算有三种方法：重复结构随机栅格方法(random lattice)、弦长抽样方法(chord-length sampling)和显式模拟方法(explicit modelling)。而在随机介质燃耗计算方面，需要基于随机介质几何建模方法，在燃料元件/组件燃耗计算中，研究以包覆颗粒作为独立燃耗区的蒙卡燃耗计算方法；在随机介质全堆燃耗计算中，由于内存限制，必须研究燃耗区合并方法，同时结合3.2节中的蒙卡大规模燃耗计算方法。本章将对随机介质输运及燃耗计算方法进行系统研究，并通过算例进行验证。

4.2　随机介质输运计算方法

RMC的几何建模基于实体几何构造法(constructive solid geometry，CSG)，而粒子的跟踪采用射线追踪法(ray tracking)，如图4.1所示。在CSG中，由面(surface)构成栅元(cell)，由栅元(cell)构成空间(universe)，支持多层级的空间，即栅元可以被空间填充。同时支持重复结构栅格(lattice)建模，栅格是一种特殊的空间。已开发的栅格包括矩形栅格和六边形栅格。基于随机栅格法，在矩形栅格中添加了DISP卡(类似于MCNP 5的URAN卡)。同时添加了两种新的栅格，基于弦长抽样方法，开发了CLS栅格(CLS lattice)；基于显式模拟方法，开发了弥散球栅格(dispersed-sphere lattice)。

4.2.1　随机栅格法

随机栅格法由Brown和Martin[48]提出，并实现于MCNP 5中的

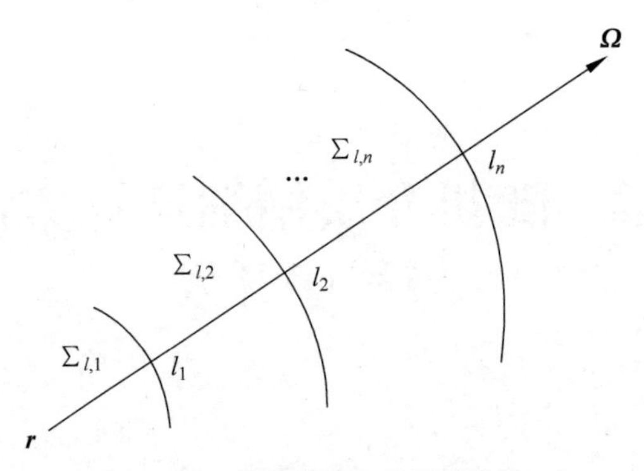

图 4.1　射线追踪法几何跟踪法

URAN 卡。具体方法如下。

对于一个重复几何栅格，如果该栅格被标记为随机，则每当中子进入该栅格时，对中子的位置进行一个随机的坐标转换，如式(4-1)～式(4-3)所示。其中，δ_x、δ_y 和 δ_z 是三个独立的 x，y，z 方向上的最大扰动位移。通过设置 δ_x、δ_y 和 δ_z 使得坐标转换的随机扰动量不超过栅格的边界。而 ξ_1、ξ_2 和 ξ_3 是三个独立的(0，1)内的随机数。随机栅格方法如图 4.2 所示。

$$x = x + (2\xi_1 - 1)\delta_x \tag{4-1}$$

$$y = y + (2\xi_2 - 1)\delta_y \tag{4-2}$$

$$z = z + (2\xi_3 - 1)\delta_z \tag{4-3}$$

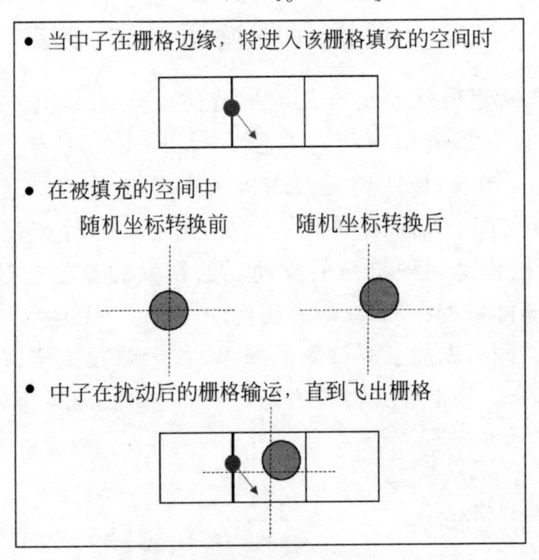

图 4.2　随机栅格扰动方法

源迭代过程中要对裂变中子产生的位置进行特殊处理，记录裂变时所在栅格的随机坐标转换。

4.2.2　多种类型颗粒的弦长抽样法

CLS 最早由 Zimmerman 和 Adams 在 1991 年提出[49]，其不同的改进版本应用于 Serpent[91] 和 MVP[50] 等程序。其核心思想是使用概率分布函数描述随机介质中颗粒表面的位置。中子到颗粒表面的距离通过抽样产生而非显式地对所有颗粒进行建模，在填充随机几何的区域内只存在一个颗粒，该颗粒的位置不是固定的，而是在中子输运过程中在线(on-the-fly)确定，从而可以有效减少完全显式建模的时间消耗。

弦长抽样方法的抽样过程如图 4.3 所示，分为两步。第一步确定下一个颗粒表面的入射点 A，令中子在离开当前颗粒后，到下一个颗粒表面的距离为 λ_1，λ_1 称为基体(matrix)的弦长。推导可得基体的平均弦长为式(4-4)，r 为颗粒半径，PF 为颗粒的体积填充率。λ_1 的分布可近似为指数分布，可得弦长概率分布函数如式(4-5)所示。通过式(4-5)抽样出 λ_1，即可确定入射点 A。

$$L=\frac{4r(1-\mathrm{PF})}{3\mathrm{PF}} \tag{4-4}$$

$$p(\lambda_1)=\frac{1}{L}\mathrm{e}^{-\lambda_1\frac{1}{L}} \tag{4-5}$$

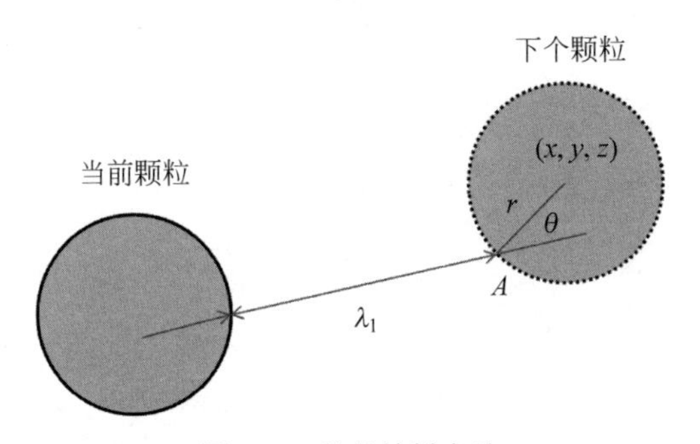

图 4.3　弦长抽样方法

第二步确定下个颗粒的球心位置(x, y, z)。中子进入颗粒的夹角 θ 可以通过其余弦值 $\mu=\cos\theta$ 抽样得到，如式(4-6)所示，ξ 是(0, 1)的随机数。

$$\mu=\sqrt{\xi} \tag{4-6}$$

得到夹角 θ 后，根据 A 点坐标及颗粒半径 r，可得球心位置 (x, y, z)。

弦长抽样法的优势在于可以达到很高的体积填充率，然而传统蒙卡程序(如 Serpent)中的弦长抽样法只能对一种类型的颗粒进行抽样，无法处理同时填充多种类型颗粒的问题，大大限制了弦长抽样法的适用范围。

本书通过理论推导，提出了多种颗粒类型的弦长抽样法，并在 RMC 中进行实现。

假设存在两种类型的颗粒，半径分别是 r_1 和 r_2，则颗粒的弦长分别是 $4r_1/3$ 和 $4r_2/3$，填充率为 PF_1 和 PF_2。假设两种颗粒抽样出现的次数为 N_1 和 N_2，则抽样次数与填充率的关系为

$$\frac{PF_1}{PF_2}=\frac{\frac{4r_1N_1}{3}}{\frac{4r_2N_2}{3}} \tag{4-7}$$

可得

$$\frac{N_1}{N_2}=\frac{PF_1 r_2}{PF_2 r_1} \tag{4-8}$$

根据 N_1/N_2 即可得到在弦长抽样过程中，不同类型颗粒抽样出现的概率，其概率分别为 $N_1/(N_1+N_2)$ 和 $N_2/(N_1+N_2)$。还需要求出平均弦长 L，根据颗粒的总体积填充率 PF_1+PF_2，可得

$$\frac{\frac{4N_1r_1}{3}+\frac{4N_2r_2}{3}}{\frac{4N_1r_1}{3}+\frac{4N_2r_2}{3}+(N_1+N_2)L}=PF_1+PF_2 \tag{4-9}$$

则

$$L=\frac{4(1-PF_1-PF_2)}{3\left(\frac{PF_1}{r_1}+\frac{PF_2}{r_2}\right)} \tag{4-10}$$

如果 $r_1=r_2$，则式(4-10)退回到式(4-4)。进而，可以推广到 N 种颗粒的情况下，平均弦长为

$$L=\frac{4\left(1-\sum_{i=1}^{N}PF_i\right)}{3\sum_{i=1}^{N}\left(\frac{PF_i}{r_i}\right)} \tag{4-11}$$

第 i 种颗粒的抽样概率为

$$P_i = \frac{\dfrac{\mathrm{PF}_i}{r_i}}{\sum_{i=1}^{N}\left(\dfrac{\mathrm{PF}_i}{r_i}\right)} \tag{4-12}$$

多种颗粒类型的弦长抽样法与图 4.3 不同的地方有两处，首先是抽样 λ_1 所用的平均弦长由式(4-4)改成式(4-11)，然后根据式(4-12)抽样中子进入的颗粒类型，如图 4.4 所示，再根据 λ_1 和该类型颗粒的半径，确定颗粒的球心位置。

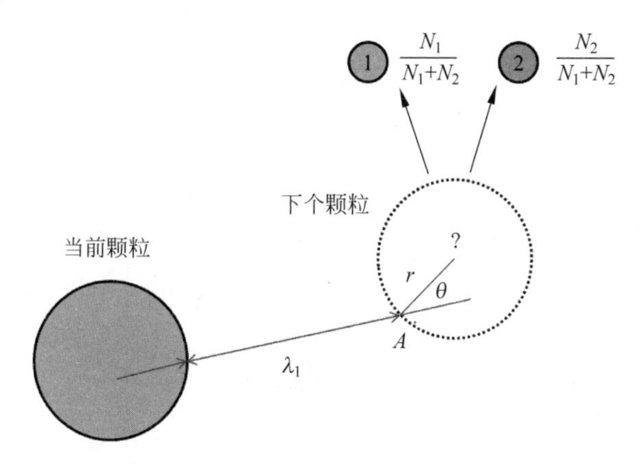

图 4.4　多种类型颗粒的弦长抽样方法

4.2.3　带虚拟网络加速的显式模拟法

显式模拟法通过构造随机介质的多个不同的物理实现，对这些物理实现进行逐一的求解，得到关心的物理量，再求平均，得到该物理量的期望值。Monk 和 Serpent 程序已实现可用于高温堆的显式模拟方法[56, 57]，但具体细节未见于公开文献。

该方法的优点是具有很高的保真度，常用于得到通量和增殖系数的参考解，缺点是耗时。在构造物理实现方面，random sequential addition (RSA)[53] 是最常用的算法。RSA 的流程如下：

(1) 在含有随机介质的空间内均匀抽取一个颗粒；

(2) 根据该空间中已存在的其他颗粒的位置，判断流程 1 中抽取的颗粒是否与已存在颗粒重叠；

(3) 如果出现重叠，重新抽样直到不出现重叠。重复流程 1～3 直到颗粒的体积填充率达到目标值。

显式模拟法有两个需要解决的问题。首先是 RSA 快速抽样颗粒的问题，由于全局的重叠检查，计算复杂度为 $O(N^2)$，N 为颗粒数；另一个是蒙卡计算中粒子在含有颗粒的空间中输运时，计算粒子到颗粒表面距离的问题，传统的 ray tracking 必须算出中子到所有表面的距离，才能确定下一步中子飞到哪个面。

本书采用了网格加速法来解决这两个问题，网格加速法是一种分而治之的思想，引入一个覆盖所有颗粒的虚拟网格，每个网格的边长 H 不小于颗粒的直径 $2R$。与网格相交的颗粒被标记为属于该网格，如颗粒 1 属于网格(2,1)和(2,2)，颗粒 2 属于网格(2,2)，颗粒 3 属于网格(1,2)，(1,3)，(2,2)和(2,3)，如图 4.5 所示。从而构建网格与颗粒间的对应关系。

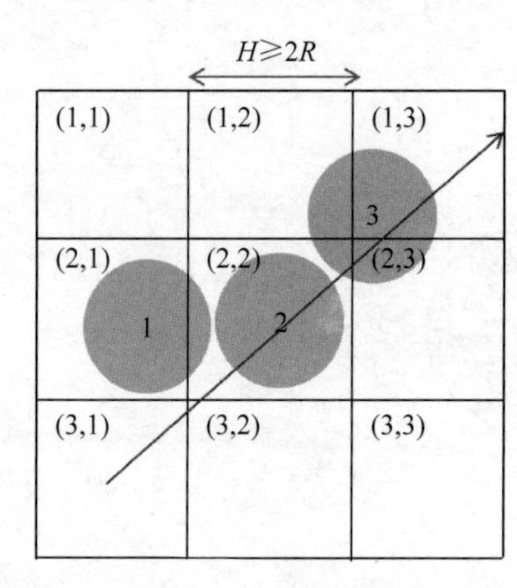

图 4.5　虚拟网格

首先通过虚拟网格加速颗粒产生，先判断新颗粒属于哪个网格，根据网格与颗粒间的对应关系，只需对该网格的颗粒进行重叠检查，从而使计算复杂度降到 $O(N)$。

同时通过虚拟网格加速中子跟踪，流程如图 4.6 所示。

步骤如下：

(1) 找到中子所在网格的序号；

(2) 计算中子到该网格边界的距离 D_{bound}；

(3) 计算中子到该网格的所有颗粒表面的距离，找出最小距离 D_{sph}；

(4) 如果 D_{sph} 小于 D_{bound}，则中子飞行到最近的颗粒表面，否则查找下一个相邻网格的序号，并重复步骤 2～4 直到中子飞到颗粒表面；

(5) 中子进入颗粒后，在颗粒内部结构进行中子输运，直到飞出颗粒；

(6) 重复步骤 1～5 直到中子死亡。

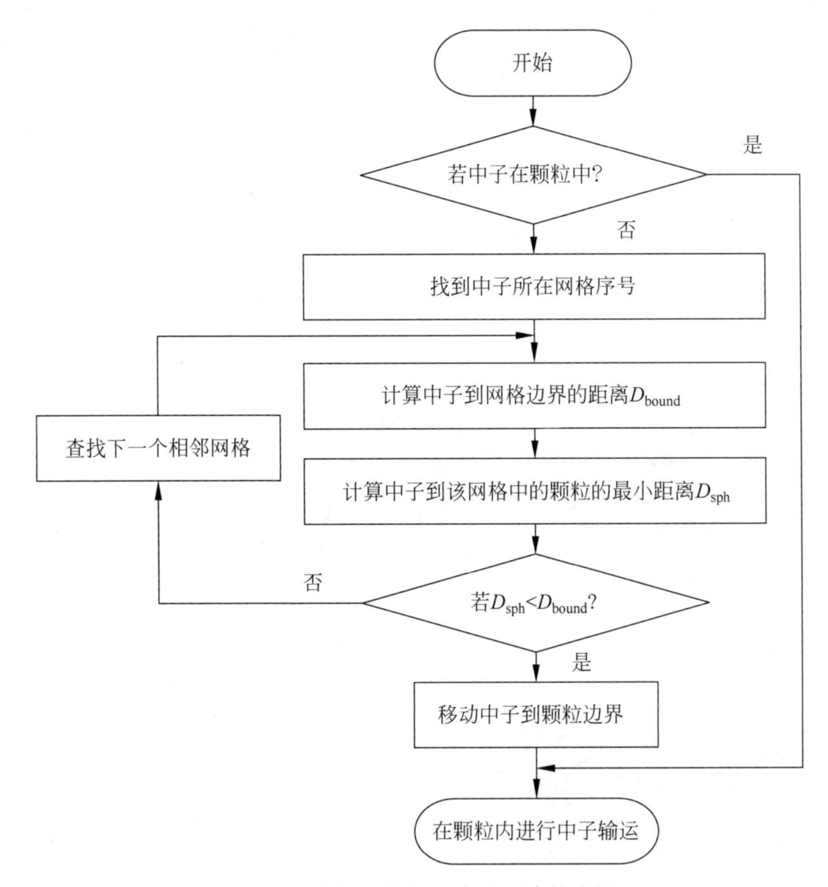

图 4.6　虚拟网格加速中子跟踪的流程

在重复结构几何中，中子穿过重复结构栅格时会停留在栅格的虚拟面。而中子在带虚拟网格的显式建模几何中进行输运时，不停留在虚拟网格的内部边界面，因此带虚拟网格的显式建模方法可以比重复结构使用更少的输运时间。

RMC 显式建模法的模拟过程如图 4.7 所示，首先用实体几何构造法(CSG)进行全局几何的高保真几何建模，同时对需要填充随机颗粒的 universe 采用显式建模法的 dispersed-sphere lattice。然后程序内部用 RSA 对 dispersed-sphere lattice 对应的空间进行随机颗粒填充；接着在程序内部构造虚拟网格，并形成网格与颗粒间的对应关系(见图 4.5)。最后，对全局几何进行蒙卡粒子输运计算，并用虚拟网格加速蒙卡 ray tracking 的几何跟踪。

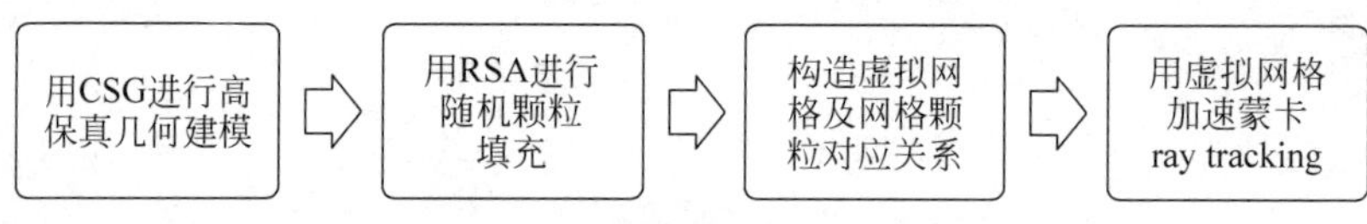

图 4.7　显式建模法的模拟过程

4.3　随机介质输运计算功能验证

采用随机栅格法、弦长抽样法和带虚拟网络的显式模拟法 3 种随机几何方法进行模拟，并对其结果和效率进行对比研究。同时采用规则重复几何和传统蒙卡程序的随机分布显式建模进行对比。

规则重复几何采用 5×5×5 的 TRISO 颗粒阵列，如图 2.14 所示。栅格边长为 0.1982 cm，燃料颗粒的体积填充率为 5.068%，6 个面采用全反射边界条件。TRISO 颗粒的尺寸与组成如表 2.4 所示。传统蒙卡程序描述随机分布时，每一个颗粒都用单独的栅元定义，每一个栅元都由单独的闭合面包围。随机分布几何的构建是通过随机抽样（RSA）得 125 个球，如图 4.8 所示，体积填充率为 5.068%。

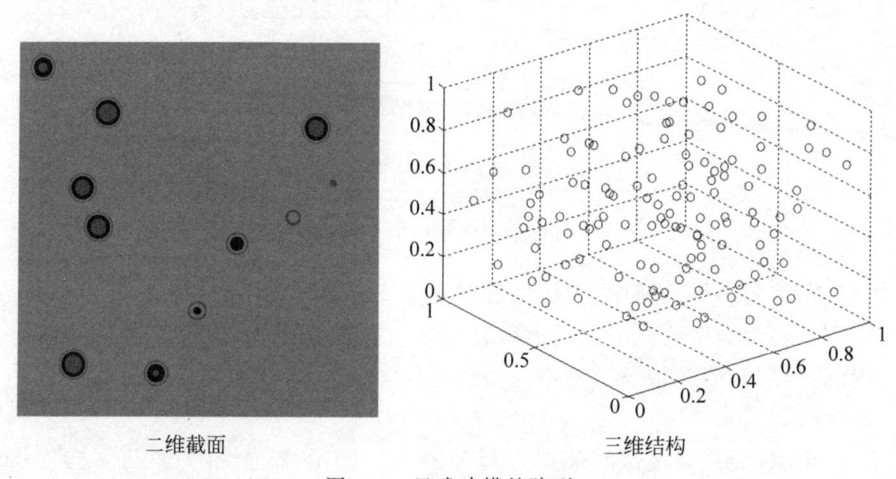

图 4.8　显式建模的阵列

4.3.1　显式模拟法

首先对带虚拟网络的显式建模法进行体积验证。在 RMC 中实现体积计算功能。

(1) 把所有材料设为 mat=0，相当于中子在真空中输运，不进行碰撞

距离抽样,因此只能进行穿面;

(2) 通过设定最大的穿面数,达到后中子死去;

(3) 进行通量统计,1 代活跃代,0 代非活跃代(不进行源迭代),从而得到不同栅格的径迹长度,即得体积比。

对图 4.8 中的 125 个颗粒通过径迹长度统计体积比,如表 4.1 所示。表 4.1 给出了 125 个颗粒的最大体积、最小体积和总体积以及基体材料石墨的体积。可以看出,带虚拟网络的显式模拟法的实际体积填充率与目标体积填充率很接近。

表 4.1　带虚拟网络的显式模拟法体积验证

最大体积	最小体积	最大体积/最小体积	加和体积	基体体积	实际填充率/%	目标填充率/%
2.7441	2.7359	1.0030	342.4901	6415.3000	5.0681	5.0680

再对虚拟网格产生颗粒的效率进行了测试。表 4.2 为是否采用虚拟网格加速时产生颗粒的效率对比,两者都用 RSA 产生了 100 万个颗粒。可以看出,不带网格加速产生颗粒的耗时是带网格加速耗时的 573 倍。

表 4.2　产生颗粒的效率对比

方　　式	时间/min	时间比
无网格加速	177.81	573
有网格加速	0.31	1

还对带网格加速的显式建模法进行了输运计算的准确性测试,125 个颗粒的位置如图 4.8 所示,计算条件为每代 10 000 个中子,总共 1500 代,其中非活跃代 500 个,计算结果及时间如表 4.3 所示。可见两者的偏差小于蒙卡的统计误差,同时带网格加速的显式建模法计算时间比传统显式建模节省了 48%。

表 4.3　显式模拟法输运计算准确性验证

项　　目	$k_{\mathrm{inf}} \pm \sigma$	时间/min
传统显式建模	1.590 534±0.000 200	133.78
网络加速的显式建模法	1.590 471±0.000 200	69.53
Δk_{inf}(或 ΔT)	−0.000 063	−48%

需要指出的是,表 4.3 和图 4.8 中的显式建模都只是 RSA 进行颗粒位

置随机抽样的其中一种情况。为了评估显式建模法由于颗粒位置抽样造成的结果不确定性，再用 40 个不同的随机数种子产生 40 个不同的随机分布，加上图 4.8 中的情况共有 41 个不同的随机分布。k_{inf} 分布如图 4.9 所示，可以看出，k_{inf} 分布近似正态分布，均值为 1.589 972，标准差是 0.000 312，接近蒙卡计算的 k_{inf} 统计标准差 0.0002。41 个分布中最大与最小的差别为 69.2 pcm，95%置信区间在(1.589，1.591)。而重复几何规则分布的 k_{inf} 为 1.586 423，从图 4.9 可以看出，重复几何规则分布的 k_{inf} 已明显偏离随机几何的正态分布曲线，因此可以推断，重复几何规则分布是随机几何的一种特殊情况，出现的概率很低，因此与随机几何的均值存在差别。规则分布与随机几何均值的差别为 354.9 pcm，而图 4.8 中一次抽样的显式建模法与随机几何均值的差别为 49.9 pcm，如表 4.4 所示。因此当填充率达到 5.068%(或以上)时，一次抽样的显式建模法与多次计算取平均值已经比较接近。

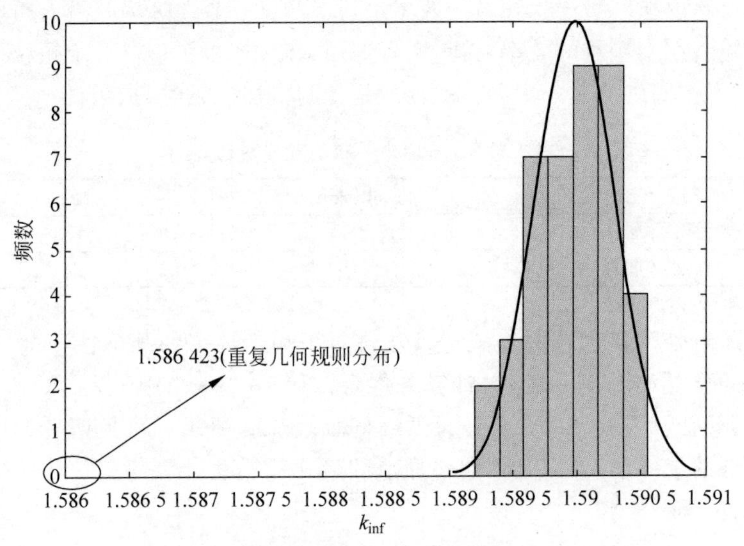

项目	k_{inf}
平均	1.589 972
最小	1.589 280
最大	1.590 497
最大-最小	−0.000 692
标准差	0.000 312

图 4.9　k_{inf} 分布

表 4.4　随机和规则几何的 k_{inf} 对比

项　　目	$k_{inf}\pm\sigma$	Δk/pcm
显式建模法(一次抽样)	1.590 471±0.000 200	49.9
随机几何平均值	1.589 972±0.000 200	0
规则分布	1.586 423±0.000 200	354.9

在输运计算方面,还比较了规则重复结构和显式模拟法在不同填充率下(见图 4.10)的结果差异和效率差异,如表 4.5 所示。可以看出,在计算时间方面,显式建模法和重复几何的时间都随着填充率上升而上升,显式建模法的计算时间比重复几何少 20%以上。在 k_{inf} 方面,k_{inf} 随着填充率上升而下降。显式建模法和重复几何的差别也随着填充率而改变,PF 为 5.068%时,重复几何的 k_{inf} 比显式建模法小;PF 为 15%时,两者的 k_{inf} 差不多;PF 为 30%时,重复几何的 k_{inf} 比显式建模法大。

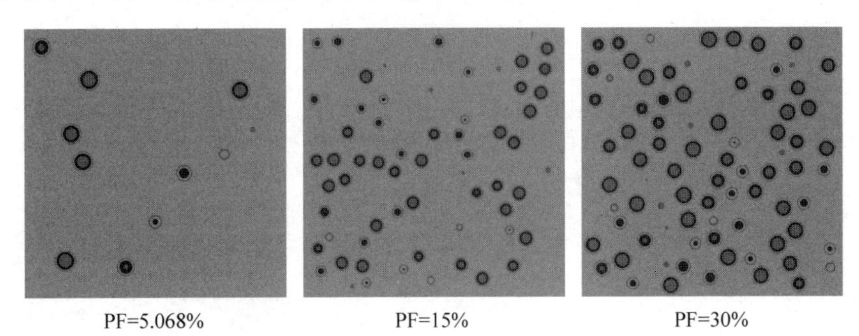

图 4.10　不同填充率的随机分布

表 4.5　随机和规则几何的 k_{inf} 和时间对比

项　　目	PF=5.068%		PF=15%		PF=30%	
	时间/min	k_{inf}	时间/min	k_{inf}	时间/min	k_{inf}
规则几何	95.63	1.586 423	166.71	1.285 831	240.33	1.137 832
带网格加速的显式建模法	69.53	1.590 471	112.23	1.284 969	181.33	1.135 582
Δk_{inf}(或 ΔT)	−27.3%	404.8 pcm	−32.7%	−86.2 pcm	−24.5%	−225 pcm

4.3.2　随机栅格法

对 TRISO 颗粒阵列中的 TRISO 颗粒进行扰动,如图 4.11 所示,即在 x、y 和 z 方向的最大扰动为 $\delta=L/2-r$,L 为栅距,r 为颗粒外径。扰动量

分别采用 $\delta = L/2 - r$ 和 $\delta = 0.5(L/2 - r)$，用 RMC 和 MCNP 5 的 URAN 卡进行计算，计算条件为 500 个非活跃代，1000 个活跃代，每代 10 000 个粒子，结果如表 4.6 所示。

表 4.6　随机栅格法的结果

方　法	RMC	MCNP 5	Δk_{inf}/pcm
规则重复几何	1.586 423	1.586 110 $\delta = L/2 - r$	−31
随机栅格法 Δk_{inf}/pcm	1.588 841 241.8	1.588 410 230.0 $\delta = 0.5 \times (L/2 - r)$	−43
随机栅格法 Δk_{inf}/pcm	1.587 772 134.9	1.587 75 164	−2.2

注：k_{inf} 的标准差为 0.0002

从表 4.6 可以看出，随机几何的 k_{inf} 比重复几何大，且两者的差别随着扰动量的增大而增大。随机栅格法存在一定不足，首先，随机栅格法对颗粒位置的随机性有一定的限制，另外，颗粒可能会被边界切割(在本算例中不会)。

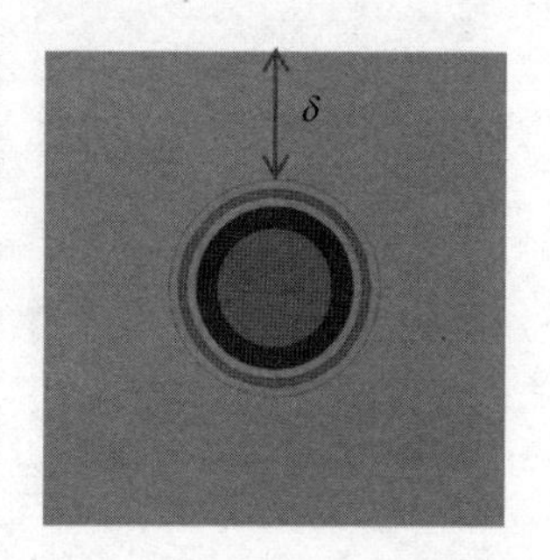

图 4.11　TRISO 颗粒扰动

4.3.3　弦长抽样法

首先对弦长抽样法进行体积验证。除了高温堆 TRISO 颗粒栅格算例外，增加了一个 ATF 六边形组件算例，即在典型的压水堆燃料棒中填充 TRISO 颗粒，如图 4.12 所示。在 ATF 燃料中，颗粒的填充率比较大，设填充率为 35%。TRISO 颗粒栅格和 ATF 六边形组件算例的体积验证如表 4.7 所示，可以看出，当填充率较低时，CLS 方法实际填充率和输入填充率的误差很小；而当填充率达到 35%时，实际填充率和输入填充率的相对误差达到 9%左右，这是由于 CLS 方法本身的理论假设没有考虑颗粒间不能重叠的因素，从而在填充率较高时会产生方法本身的理论误差。

因此，可以根据实际填充率和输入填充率的比值，调整输入填充率，从而达到目标填充率。例如，在表 4.7 中，把输入填充率设为 38.66%($\approx 35 \times 35 \div 31.8273$)，利用 RMC 体积计算的功能，可以得到实际填充率为 35%，即达到目标填充率。

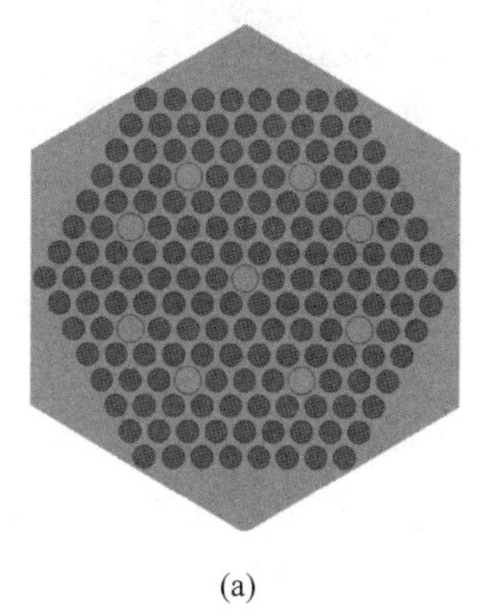

(a)

(b)

图 4.12　ATF 六边形组件

(a) 横截面；(b) 轴截面

表 4.7　弦长抽样法体积验证

输入填充率/%	实际填充率/%	相对误差/%
5.068	5.070	0.034
35.000	31.827	−9.065
38.660	35.000	−9.467

通过 RMC 的体积计算功能，可以对 CLS 方法的输入体积填充率进行定量修正，从而解决了 CLS 方法在高体积填充率时输入填充率与目标填充率不一致的问题，提高了 CLS 方法的准确性。同时由于 RMC 的体积计算耗时较少，因此体积填充率修正的耗时与蒙卡输运计算相比是很少的。

4.3.4　各种建模方法的比较

对目标填充率为 5.068%的高温堆 TRISO 颗粒栅格算例，比较其在不同建模方法下的 k_{inf} 及计算时间，如表 4.8 所示。以表 4.4 中随机几何平均值作为参考结果。

表 4.8　各种建模方法的结果

方　　法	时间/min	$k_{\text{inf}}(\sigma=0.0002)$	Δk_{inf}/pcm
随机几何平均值(基准)	69.53×41	1.589 972	0
规则几何	95.63	1.586 423	−354.9
传统显式建模	133.78	1.590 534	56.2
随机栅格扰动法	96.56	1.588 841	−113.1
弦长抽样法	57.02	1.588 750	−122.2
网格加速显式建模法(一次抽样)	69.53	1.590 471	49.9

从表 4.8 可以看出，随机栅格扰动法、弦长抽样法和显式建模法（一次抽样）这三种方法都比规则几何更接近基准值（41 个随机几何的平均值）。其中，随机栅格扰动法低估了 k_{inf}，因为其对随机性有一定限制；CLS 低估了 k_{inf}，因为 CLS 方法不考虑边界效应，颗粒会被边界切割，导致空间自屏效应的下降，CLS 方法的计算时间最少；带网格加速的显式建模法精度最高，同时计算时间仅比 CLS 多。

显式建模方法和弦长抽样法都能灵活方便地描述各种复杂的随机非均匀结构（包括球床堆双重随机非均匀结构），并能够很好地兼容原有的蒙卡几何描述系统，匹配后续的中子输运、计数统计和燃耗等过程。其中显式建模方法的精度最高，考虑到 RSA 方法体积填充率的理论上限为 38%，因此体积填充率小于 35%时，建议使用显式建模方法。而体积填充率大于 35%时，显式建模方法需要结合 DEM 等较复杂的填充方法才能达到高填充率，因此 35%以上时建议使用 CLS 方法。

4.4　随机介质燃耗计算方法

4.4.1　随机介质燃料元件/组件燃耗计算

常见的弥散型燃料元件，如高温堆燃料球，其几何尺寸不大，且只包含一种类型的包覆燃料颗粒。由于裂变中子在基体材料（如石墨）中通常具有较长的慢化长度，使得燃料元件内相邻区域的燃料颗粒所在位置的中子通量和能谱不会存在明显差异。因此，传统的蒙卡燃耗程序在处理弥散型燃料元件或组件时，通常将燃料颗粒近似按照重复结构描述，且视作同一个燃耗区。

但应当注意到，某些新型弥散型燃料组件几何尺寸较大（如板状、柱状等），且其中填充不同形状与不同尺寸的包覆颗粒，甚至添加可燃毒物颗粒。此时，难以采用重复结构准确描述包覆颗粒分布，需要采用更为精确的弦长抽样方法或显式建模方法；并且，不同类型包覆颗粒的中子通量及能谱可能存在较大差异，应当分别进行燃耗计算。

基于上述需求，本节拟研究以包覆颗粒作为独立燃耗区的蒙卡燃耗计算方法，结合蒙卡燃耗计算和随机介质输运中的显式模拟方法，不仅在中子输运过程中考虑包覆颗粒的随机分布，而且在燃耗计算中将其处理为独立的燃耗区。本研究提出的技术方案能够精确分析弥散型燃料元件/组件（特别是对于含有多类型、多尺寸包覆颗粒的复杂弥散型燃料）内的微观分布，精确考虑各个包覆颗粒的通量和能谱差异以及其随机效应。可以为各种复杂的弥散型燃料元件/组件的物理设计提供实际可用的基准工具,并为后续的燃料性能分析提供精细的功率分布及燃耗深度分布。

基于显式建模法的模拟过程(见图 4.7)和蒙卡燃耗计算方法,弥散型燃料元件/组件的蒙卡输运-燃耗耦合计算方法的模拟过程如图 4.13 所示。

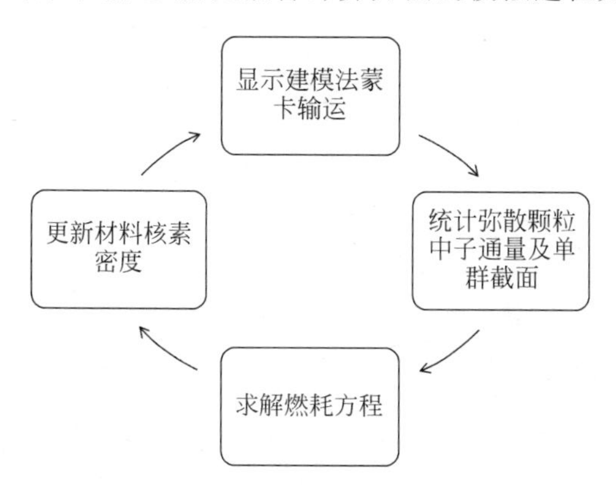

图 4.13　弥散型燃料元件/组件燃耗的模拟过程

4.4.2　随机介质全堆燃耗计算

棱柱式高温气冷堆、采用新型全陶瓷包覆颗粒燃料的轻水堆以及采用弥散型燃料的实验研究堆等的全堆燃耗精细模拟都需要随机介质全堆燃耗计算功能。随机介质全堆燃耗计算遇到的挑战是巨大的内存消耗。材料、燃耗和计数器数据的内存消耗都与燃耗区数目成正比,如果每一个 TRISO 颗粒都作为一个独立的燃耗区,全堆问题含有数以亿计的包覆颗粒。虽然 RMC 已具备千万级燃耗区数目的大规模燃耗计算能力,但在现有计算条件下,显然无法(也没有必要)对每个包覆颗粒进行独立燃耗计算。因此必须合理地进行燃耗区合并,缩减燃耗区规模。例如,在球床高温堆中燃料球内包覆颗粒的通量和能谱差异不大,在燃耗计算时可考虑以单个燃料球作为一个燃耗区。而对于棱柱状高温堆,可考虑适当对燃料组件从轴向和径向上进行分区。对于含有多种颗粒类型,甚至是可燃毒物颗粒的燃料元件,必须区分燃料颗粒和毒物颗粒为不同燃耗区。总之,需要研究合理可行的燃耗区划分方法,在计算精度和现有计算能力之间取得平衡。

4.4.2.1　基于虚拟网格的燃耗区合并策略

第一种策略是引入虚拟网格,基于虚拟网格对燃耗区进行合并,使燃耗区数目在现有计算能力的范围内，如图 4.14 所示。根据虚拟网格归并燃耗区的步骤如下。

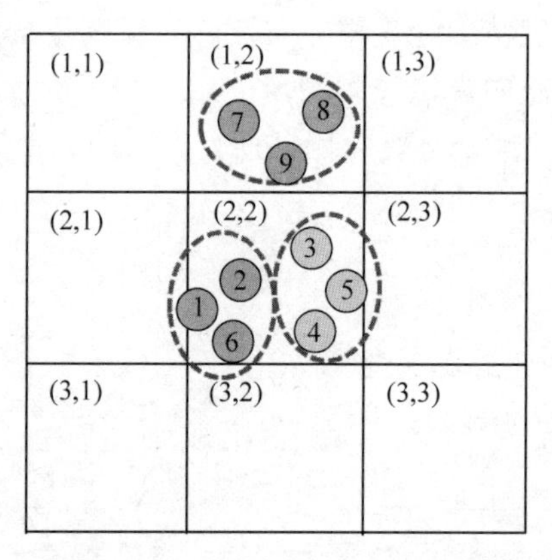

图 4.14　基于虚拟网格的燃耗区合并

(1) 引入虚拟网格，x，y 和 z 方向的网格数由用户根据总燃耗区数目指定。燃耗虚拟网格的划分可以与图 4.5 中几何加速的网格不同；

(2) 颗粒按网格分区，中心位于同一网格的同种颗粒作为同一个燃耗区，不同颗粒类型（如燃料颗粒和毒物颗粒）视为不同的燃耗区，如图 4.14 所示，从而构建颗粒-燃耗区索引；

(3) 在蒙卡输运前，RMC 会自动对重复结构中不同燃耗区的材料和计数器进行展开。引入虚拟网格后，进行底层栅元展开时，根据颗粒-燃耗区索引展开，燃耗区数目等于虚拟网格数；

(4) 计算燃耗区质量/体积时，对归并为同一燃耗区的颗粒的质量/体积进行加和；

(5) 在输运过程中，RMC 原有的几何栅元序列和燃耗计数器的栅元序列是一一对应的，如图 3.24 所示。由于燃耗区的归并，两者变成不一一对应，因此需要根据颗粒-燃耗区索引把几何栅元序列转化为燃耗区栅元序列。例如，中子在图 4.14 中的网格 2 的深色颗粒 7、8、9 其中之一处发生某种反应产生计数时，该计数都累加到网格 2 对应的计数器中。

这种方法的核心思想在于构建每个颗粒与燃耗区的索引，减少材料、燃耗和计数器的内存占用。其优点是可以在填充颗粒的空间（即 4.2.3 节中提到的 dispersed-sphere lattice）中灵活划分多个燃耗区。例如，如果 dispersed-sphere lattice 填充一个燃料球或者燃料棒，可以把其中的弥散颗粒按照网格划分为若干个燃耗区。然而，虚拟网格方法也有其限制性：上亿个颗粒的颗粒-燃耗区索引已经占用很大内存。因此，基于虚拟网格的燃耗区合并策略适用于中小规模的弥散燃料燃耗计算。

4.4.2.2　基于空间的燃耗区合并策略

另一种策略是基于空间的燃耗区合并策略，即将显式建模方法中的 dispersed-sphere lattice 中包含的所有颗粒都合并为同一个燃耗区，同时也把不同颗粒类型视为不同的燃耗区。图 4.15 是 ATF 六边形组件的轴截面图，如果代表 dispersed-sphere lattice 的空间 1 填充到左侧的整个燃料棒中，则该燃料棒内所有颗粒为一个燃耗区。如果要把一根燃料棒在轴向划分为若干个燃耗区，可以用 RMC 原有的长方体栅格把燃料棒先分成若干个轴向栅格，然后再用空间 1 去填充这些栅格，即可实现轴向燃耗分区，如图 4.15 中所示的右侧燃料棒。在输运过程中，基于空间的燃耗区合并也需要进行图 4.14 中的燃耗区栅元序列转化。

基于空间方法的好处是：不展开燃耗区，从而不需要存储颗粒-燃耗区索引；适用于各种重复结构几何，而不限于随机几何，如一个 PWR 的 17×17 燃料组件也可以合并为一个燃耗区。

需要指出的是，弦长抽样法与燃耗计算的结合，本身就相当于基于空间的燃耗区合并，因为弦长抽样法填充的一个空间中，实际上一种类型的颗粒只有一个计数器统计反应率，因此该计数器得到的反应率相当于被填充的空间中所有该类型颗粒反应率的平均值。

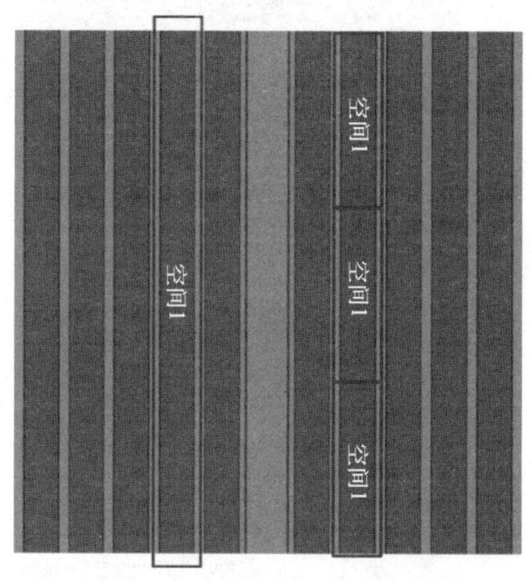

图 4.15　基于空间的燃耗区合并

4.5 随机介质燃耗计算功能验证

4.5.1 基于虚拟网格的燃耗区合并策略验证

本节采用的计算模型为棱柱高温气冷堆超栅元，超栅元的高度为 49.3 cm，燃料颗粒数为 3000，四周全反射边界，顶部全反射底部真空边界，RMC 的计算模型为图 4.16。沿轴向划分为 40 个和 1 个燃耗网格，从而对比 k_{eff}、计算时间与内存消耗。每代 10 000 个中子，1500 代，其中 500 个非活跃代。表 4.9～表 4.11 和图 4.17 分别是不同燃耗区数目的内存消耗、计算时间和 k_{eff}。其中“Δ40-3000”表示 3000 个和 40 个燃耗区对比，“Δ1-3000”表示 3000 个和 1 个燃耗区对比。

表 4.9 和表 4.10 显示出划分为 40 个和 1 个燃耗网格都能节省 50%左右的内存。计算时间方面，40 个和 1 个燃耗网格的时间都比 3000 个燃耗区要少 30%左右。

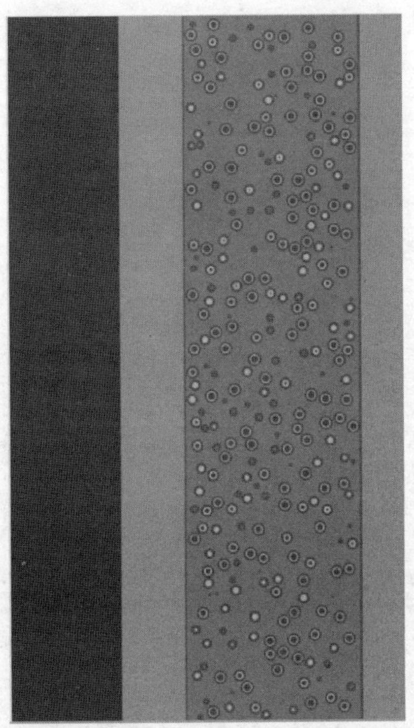

图 4.16　棱柱堆超栅元弥散燃料轴向截面的显式建模

表 4.9　不同燃耗区数目的内存消耗

燃耗深度/[MWd/kg(HM)]	内存消耗/GB			Δ40-3000/%	Δ1-3000/%
	3000	40	1		
0	0.15	0.05	0.04	−69.96	−71.88
0.1	0.18	0.06	0.06	−64.59	−65.81
0.5	0.24	0.09	0.09	−62.74	−59.93
1	0.26	0.12	0.12	−55.12	−54.28
2	0.28	0.14	0.13	−50.05	−54.24
3	0.31	0.16	0.15	−50.57	−51.90
4	0.34	0.17	0.17	−50.41	−49.77
5	0.36	0.18	0.19	−51.27	−47.77
6	0.38	0.19	0.20	−50.26	−47.61

表 4.10　不同燃耗区数目的耗时

燃耗深度/[MWd/kg(HM)]	时间/min			Δ40-3000/%	Δ1-3000/%
	3000	40	1		
0	4.39	3.49	3.44	−20.48	−21.60
3	33.39	22.16	21.73	−33.63	−34.94
6	52.74	34.78	34.00	−34.06	−35.54

表 4.11　不同燃耗区数目的 k_{eff}

燃耗深度/[MWd/kg(HM)]	k_{eff}(标准差 σ=0.0002)			Δ40-3000/pcm	Δ1-3000/pcm
	3000	40	1		
0	0.543 577	0.543 577	0.543 577	0	0
0.1	0.517 607	0.517 194	0.521 333	80	720
1	0.526 329	0.525 316	0.525 927	192	76
2	0.521 611	0.519 894	0.5223	329	132
3	0.516 484	0.514 55	0.518 848	374	458
4	0.510 682	0.509 293	0.515 221	272	889
5	0.506 568	0.504 222	0.510 716	463	819
10	0.481 414	0.480 57	0.492 341	175	2270
16	0.448 213	0.448 018	0.466 979	44	4187
22	0.416 648	0.415 298	0.441 981	324	6080
26	0.391 719	0.390 871	0.423 674	216	8158

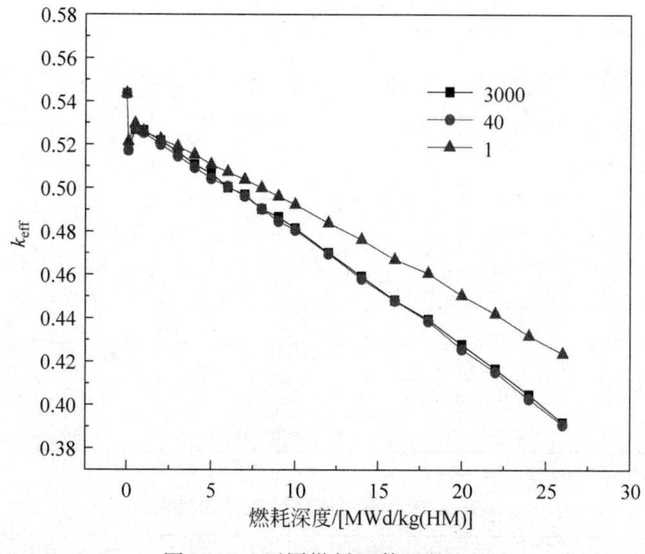

图 4.17　不同燃耗区数目的 k_{eff}

从表 4.11 和图 4.17 可以看出，1 个燃耗区和 3000 个燃耗区的结果差别很大，而 40 个燃耗区和 3000 个燃耗区的结果差别较小。因此，划分为 40 个燃耗区是合适的。合理地合并燃耗区，可以有效地节省内存和计算时间，同时保持计算的精度。

4.5.2　基于空间的燃耗区合并策略验证

第 1 个算例采用如图 4.12 的 ATF 六边形组件，该组件以 VVER-1000 组件为基础，把其中的 UO_2 燃料棒替换为 FCM 燃料，即以 UC 为燃料核心的 TRISO 颗粒，随机弥散分布在 SiC 基体中，包壳材料采用 FeCrAl，气隙为氦气，其参数如表 4.12 所示。组件共有 160 根燃料棒，每根燃料棒有 170 417 个燃料颗粒。

表 4.12　ATF 六边形组件参数

参　数	单　位	数　值
燃料棒长度	cm	353
富集度	%(质量比)	15.93
颗粒体积填充率	%	35
总棒数/燃料棒数	个	169/160
棒栅距	cm	1.785

续表

参　数	单　位	数　值
燃料棒外径	cm	0.712
包壳厚度	cm	0.057
气隙厚度	cm	0.0085

进行蒙卡输运-燃耗计算时采用两种方法：显式建模法和弦长抽样法。由于组件中总燃料颗粒数达到2700多万，显式建模法采用基于空间的燃耗区合并策略，把每根燃料棒作为一个整体，把其中的170 417个燃料颗粒合并为同一个燃耗区，共160个燃耗区。如4.4.2.2节所述，弦长抽样法与燃耗计算结合时本身就相当于基于空间的燃耗区合并，因此弦长抽样法也有160个燃耗区。4.3.3节提到，弦长抽样方法在高填充率时输入填充率和目标填充率存在误差，在表4.7中，把输入填充率修正为38.66%，可以得到目标填充率为35%。因此采用3种方法进行对比：显式建模法、弦长抽样法(填充率35%，记为CLS_35)和弦长抽样法(填充率38.66%，记为CLS_38)。k_{inf}对比如图4.18所示，图4.19为两种填充率的弦长抽样法与显式建模法对比的误差。计算条件为每代10 000个粒子，200个非活跃代，500个活跃代，k_{inf}统计标准差为0.000 25。

可以看出，两种弦长抽样法与显式建模法的误差都比较小，经过填充率

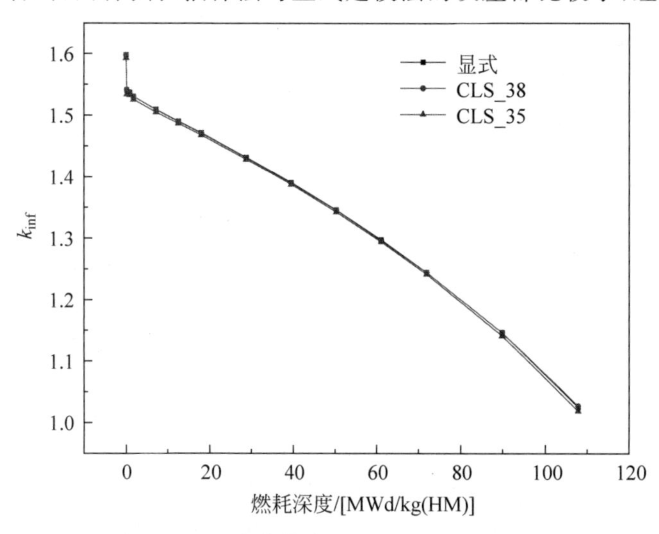

图4.18　显式建模法和弦长抽样法 k_{inf} 对比

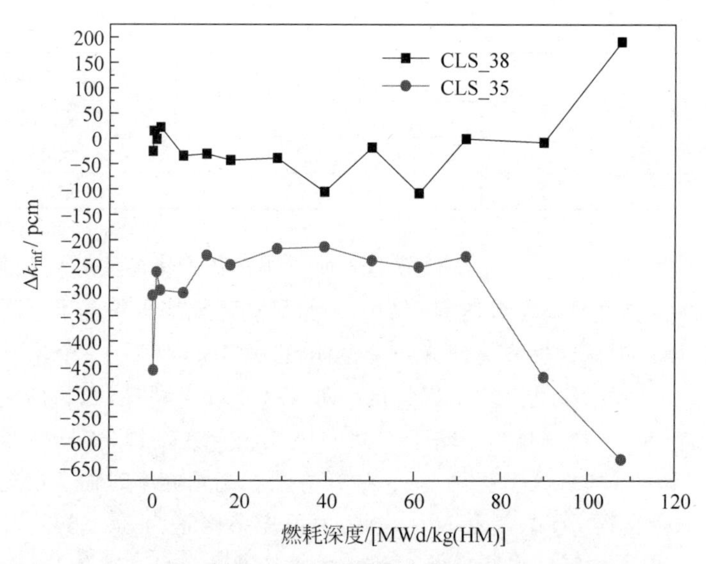

图 4.19　两种填充率的弦长抽样法与显式建模法对比的误差

修正后的弦长抽样法与显式建模法更接近，燃耗深度为 107.806 MWd/kg(HM)时，修正后的弦长抽样法的最大误差为 190.8 pcm。

第 2 个算例采用含毒物颗粒的高温堆燃料球设计，燃料球外围是反射边界条件，参数如表 4.13 所示，示意图如图 4.20 所示。

表 4.13　含毒物燃料球参数

参　数	单　位	数　值
燃料球半径	cm	3.0
燃料球颗粒填充区半径	cm	2.5
燃料/毒物颗粒个数	个	10 000/1 000
燃料/毒物颗粒外半径	cm	0.0455/0.009
燃料/毒物颗粒体积填充率	%	6.0286/0.0047
燃料/毒物颗粒核心材料		UO_2/^{10}B

计算条件为每代 10 000 个粒子，50 个非活跃代，550 个活跃代，k_{inf} 统计标准差为 0.000 32。采用 4 种方法对该算例进行计算，分别是：显式建模法、显式建模法(合并燃耗区)、弦长抽样法和弦长抽样法(修正)，其中显式建模法有 11 000 个燃耗区，而其他 3 个方法均有两个燃耗区，分别对应燃料颗粒和毒物颗粒。弦长抽样法(修正)指根据实际体积填充率对输入体

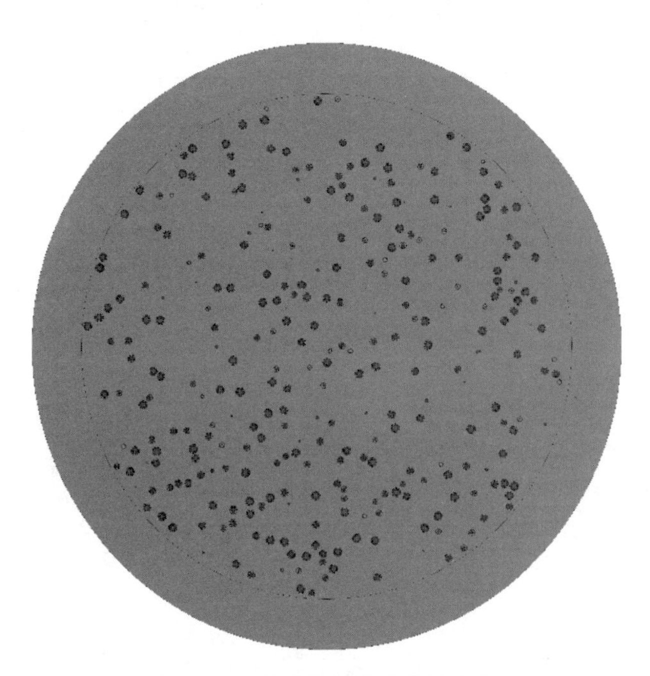

图 4.20　含毒物的高温堆燃料球

积填充率进行调整，分别是将燃料颗粒填充率调整为 6.1179%，毒物颗粒调整为 0.0048%。k_{inf} 对比如图 4.21 所示，以 11 000 个燃耗区的显式建模法为参考值，k_{inf} 差别如图 4.22 所示。可以看出，显式建模法（合并燃耗区）的最大误差为 99 pcm，而弦长抽样法修正后比修正前更接近参考值，修正后弦长抽样法的最大误差为 169.7 pcm，未修正的弦长抽样法最大误差为 308.5 pcm。

可见，显式建模法通过合理地合并燃耗区，可以使误差在 3 倍统计标准差以内。另外，通过填充率修正后的弦长抽样法可以提高计算的精度。

同时，表 4.14 比较了不同方法的耗时，可以看出，合并燃耗区的显式建模法是不合并的显式建模法输运计算耗时的 63.27%，燃耗计算耗时的 0.31%；而弦长抽样法是不合并的显式建模法输运计算耗时的 47.55%，燃耗计算耗时的 0.31%。可见，合并燃耗区后，输运和燃耗计算耗时都大大缩减。合并燃耗区时，弦长抽样法输运计算的效率比带网格加速的显式建模法要高，耗时是其 75.16%。

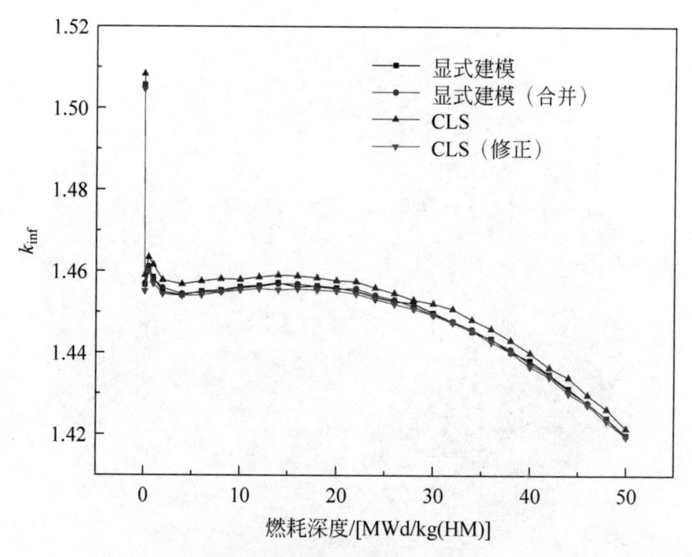

图 4.21　含毒物高温堆燃料球的 k_{inf}（见文前彩图）

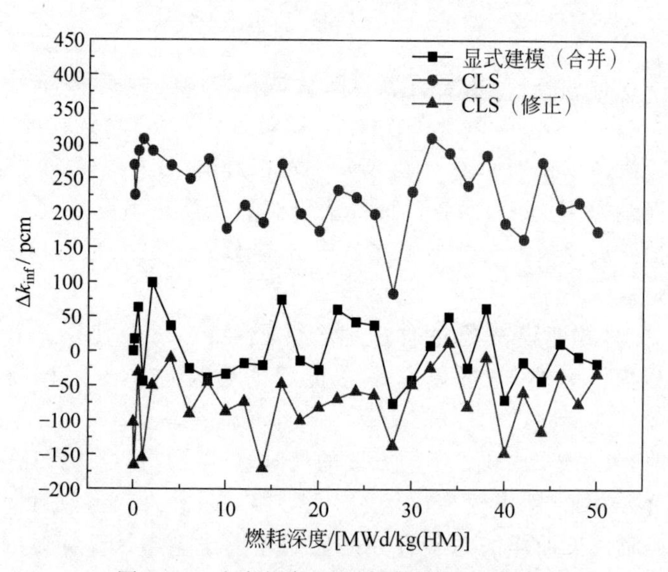

图 4.22　含毒物高温堆燃料球的 k_{inf} 对比

表 4.14　含毒物燃料球算例计算时间对比

方　　法	输运计算耗时/min	燃耗计算耗时/min
显式建模法	1 144.83	72.90
显式建模法(合并燃耗区)	724.35	0.23
弦长抽样法(修正)	544.40	0.23

4.5.3　弥散燃料全堆输运-燃耗计算

本节基于 H-M 压水堆全堆基准题，构建了弥散燃料全堆算例。把压水堆燃料棒中的燃料芯块替换为弥散在石墨基体中的 TRISO 颗粒。TRISO 颗粒的几何及材料见图 2.15 和表 2.4。颗粒在燃料棒中的体积填充率为 33%。燃料棒保持 H-M 基准题原有的尺寸，在表 2.4 中燃料的富集度为 8.2%，燃料是 UO_2，基体是石墨，燃料棒包壳材料是锆。

全堆共 63 624 个燃料棒，假设只有一种类型的燃料棒。燃料棒轴向分成 12 层，按 33%的填充率，每层燃料棒包含 13 471 个颗粒，每根燃料棒包含 161 652 个颗粒，全堆共百亿个颗粒。计算条件为每代 100 万个粒子，200 个非活跃代，550 个活跃代。采用天河二号超级计算机的 32 个节点共 768 核进行输运计算，并统计全堆棒功率分布。零燃耗下弥散燃料全堆输运计算的 k_{eff} 及计算时间如表 4.15 所示。径向棒功率分布如图 4.24 所示。

表 4.15　弥散燃料全堆输运计算结果

k_{eff}	标准差	计算时间/min
1.237 486	0.000 016	40.67

表 4.15 显示出弥散燃料全堆的 k_{eff} 及径向棒功率分布与一般压水堆是相近的。在弥散燃料全堆输运计算的基础上，采用合并燃耗区的显式模拟方法以及区域分解大规模燃耗并行算法，把每层燃料棒包含的 13 471 个颗粒合并为一个燃耗区，因此全堆共 763 488 个燃耗区。径向分成 8 个区域，如图 3.26 所示，不采用 MPI/OpenMP 混合并行。比功率为 30 W/g(HM)。

k_{eff} 随燃耗的变化如图 4.23 所示。需要注意的是，由于弥散燃料的铀装量比普通压水堆燃料棒少，为了保证反应堆功率不变，一般会提高燃料的比功率。而在本构造算例中，比功率仍为压水堆典型值。同时，燃料采用了 UO_2，基体采用了石墨，与一般的 FCM 燃料设计不同，因此图 4.23 只是定性地证明了 RMC 在弥散燃料全堆输运-燃耗计算方面的能力。

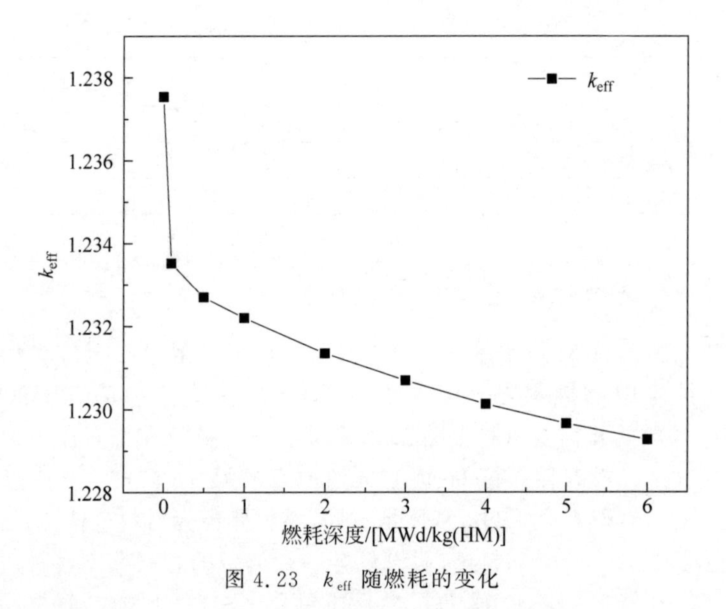

图4.23　k_{eff} 随燃耗的变化

4.6　本章小结

本章讨论了蒙卡随机介质精细计算方法的三个重要组成部分：随机介质输运计算、随机介质燃料元件/组件燃耗计算和随机介质全堆燃耗计算。随机介质输运计算实现了随机栅格法、弦长抽样法和显式建模法三种方法，同时提出了多种颗粒类型的弦长抽样法、弦长抽样法体积填充率的定量修正方法以及带虚拟网格加速的显式建模法。计算结果表明：重复几何规则分布是随机几何的一种特殊情况，出现的概率很低，因此与随机几何的均值存在差别；而一次抽样的显式建模法与多次计算取平均值已经比较接近。随机栅格扰动法、弦长抽样法和显式建模法（一次抽样）这三种方法都比规则几何更接近基准值。在随机介质燃料元件/组件燃耗计算方面，采用显式建模方法与蒙卡输运-燃耗耦合计算相结合，实现了元件/组件层面的颗粒级精细燃耗计算。在随机介质全堆燃耗计算方面，提出了基于虚拟网格和空间的两种燃耗区合并策略，计算结果表明：合理划分燃耗网格，可以有效减少内存消耗和计算时间，同时保持计算的精度。最后，通过结合燃耗区合并策略及大规模燃耗并行算法，实现了弥散燃料全堆输运-燃耗计算。通过对这三方面功能的研究及开发，RMC得以具备了蒙卡随机介质组件/全堆多尺度输运-燃耗精细计算的能力。

第5章 高保真与随机介质基准题计算分析

5.1 引 论

本书第2章和第3章讨论了蒙卡物理-热工耦合、蒙卡大规模精细燃耗及换料，并提出了全寿期高保真耦合策略。第4章实现了随机介质输运及燃耗计算，并结合大规模燃耗算法，实现了弥散燃料全堆输运-燃耗计算。本章在第2、3、4章的基础上，对本书研究的若干关键技术在RMC中进行集成开发，从而构成具备输运-热工-燃耗-换料全寿期高保真耦合模拟能力，并具备随机介质输运及燃耗计算功能的程序系统。最终，基于天河二号超级计算机平台，将该系统应用到VERA系列基准题的组件和堆芯级别的热态满功率模拟、BEAVRS基准题的热态两循环满功率模拟以及高温堆燃料元件燃耗基准题和球床式高温气冷堆首次临界试验计算当中。

5.2 CASL-VERA 基准题

5.2.1 基准题介绍

VERA堆芯物理基准题由先进轻水堆模拟联盟(consortium for advanced simulation of LWRs,CASL)提出，用以论证针对反应堆应用的高保真虚拟环境(high-fidelity virtual environment for reactor applications, VERA)程序系统以及其他反应堆物理方法及程序在反应堆模拟的能力。VERA基准题涵盖了从二维棒栅格到三维全堆全寿期燃耗的10个子问题，如图1.2所示。该基准题的所有数据都基于美国西屋公司设计的压水堆Watts Bar一号反应堆。

本章基于VERA基准题，对物理-热工耦合程序系统进行压水堆组件/堆芯尺度的多尺度耦合计算验证。

5.2.2　VERA Problem 6

VERA Problem 6 是西屋公司一个典型的 17×17 压水堆燃料组件算例，状态是零燃耗(BOC)下热态满功率，硼浓度为 1.3×10^{-3}。VERA problem 6 组件模型的轴向结构和径向结构如图 5.1 所示，参数如表 5.1 所见。

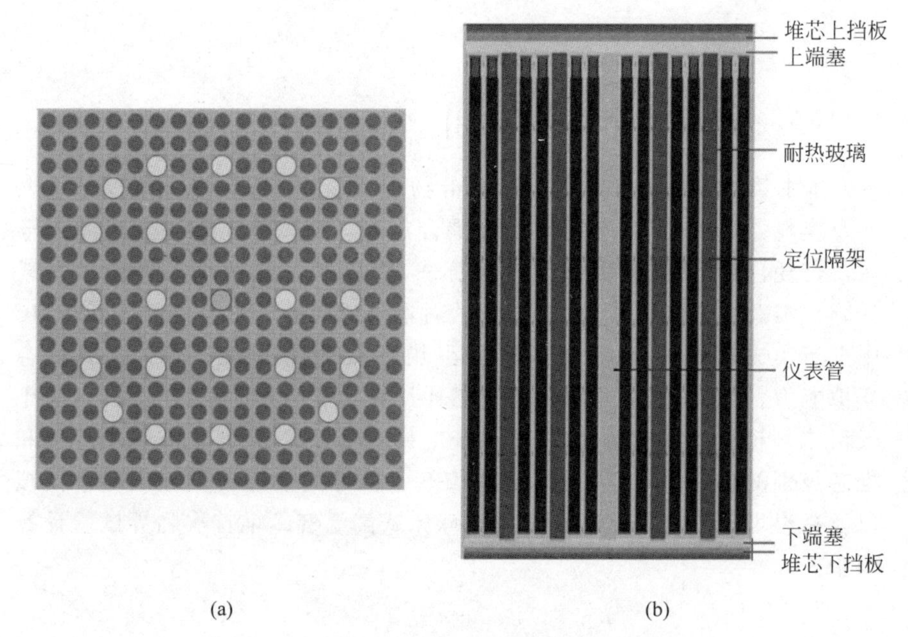

图 5.1　VERA problem 6 组件模型(见文前彩图)
(a) 径向结构；(b) 轴向结构

表 5.1　Problem 6 组件参数

参　　数	数　值	单　　位
燃料密度	10.257	g/cc
燃料富集度	3.1%	
入口冷却剂温度	565	℃
堆芯压力	1.55×10^{7}	Pa
硼浓度	1300	10^{-6}
总功率(100%)	17.67	MW
冷却剂质量流量(100%)	126	kg/s

采用 RMC/CTF 耦合程序进行 VERA problem 6 的物理-热工耦合计算，同时通过开关 DBRC 功能，探究共振弹性散射在热工耦合中的影响。

冷却剂的热散射数据采用在线插值方式来处理。RMC 和 CTF 耦合中的轴向功率统计采用非均匀网格的方式,从而处理定位格架处的功率凹陷效应。RMC 中,采用每代 50 万粒子,200 个非活跃代和 1000 个活跃代。CTF 燃料温度计算采用 10 层燃料棒径向网格,燃料温度的反馈采用体平均温度。k_{eff} 的计算结果与 MC21/CTF 和 MPACT/CTF 对比,如表 5.2 所示。可以看出,由于 MC21/CTF 和 MPACT/CTF 在计算中均没有考虑共振弹性散射,因此无 DBRC 的 RMC/CTF 结果与 MC21/CTF 非常接近,k_{eff} 差别只有 9 pcm。而考虑了 DBRC 的 RMC/CTF 结果比 MC21/CTF 小 209 pcm。由于共振弹性散射会增大吸收,所以 k_{eff} 的下降是合理的。

表 5.2　Problem 6 的 k_{eff} 对比

方　法	k_{eff}	Δk_{eff}/pcm
RMC/CTF(有 DBRC)	1.162 150±0.000 033	−209
RMC/CTF(无 DBRC)	1.164 330±0.000 033	9
MC21/CTF	1.164 240±0.000 013	0
MPACT/CTF	1.163 610	−63

本节同时比较了 RMC/CTF 与 MC21/CTF 的燃料棒功率分布和温度分布。如图 5.2 所示,选取了编号为 11 的燃料棒。燃料棒轴向功率分布比较如图 5.3 所示,而轴向功率相对误差如图 5.4 所示。可以看出,RMC/CTF(有 DBRC)与 MC21/CTF 的相对误差为−2%～7%,而 RMC/CTF(无 DBRC)与 MC21/CTF 的相对误差为−1.36%～6.2%。考虑了共振弹性散射的结果功率峰值下降,而没有考虑共振弹性散射的 RMC/CTF 结果与 MC21/CTF 符合得很好。

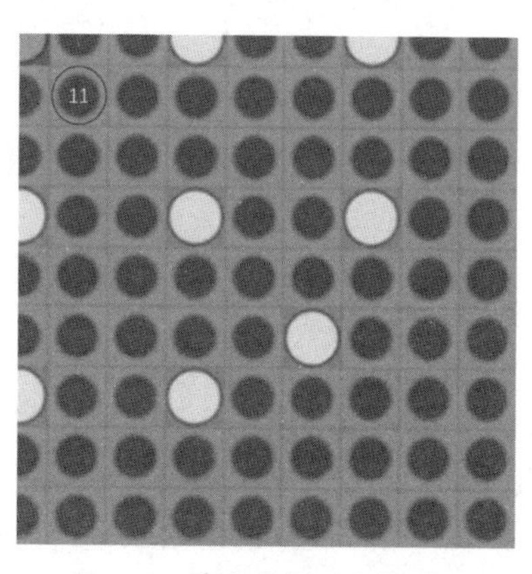

图 5.2　径向几何(1/4 组件)

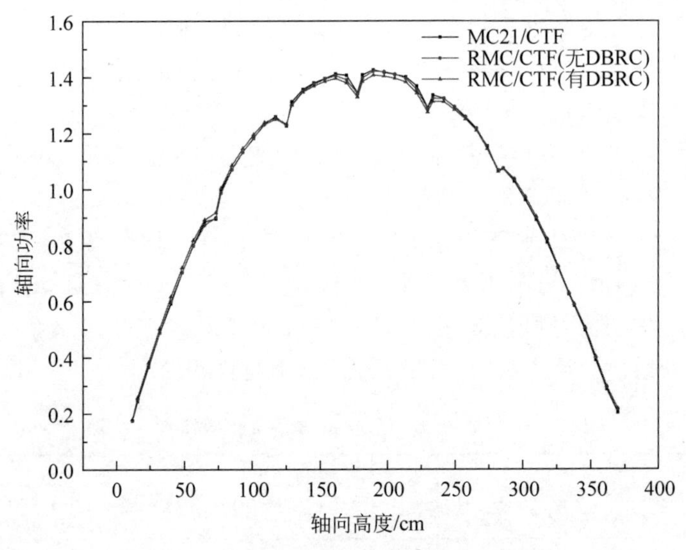

图5.3　燃料棒#11轴向功率分布

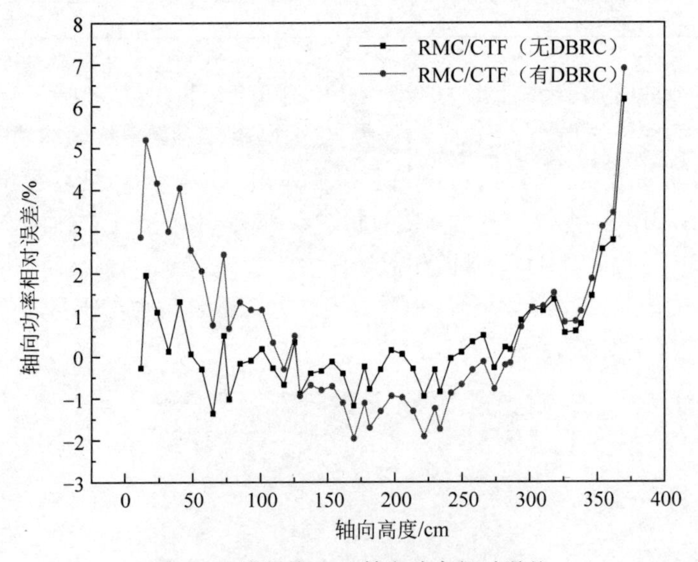

图5.4　燃料棒#11轴向功率相对误差

而轴向体积平均燃料温度分布如图5.5所示，燃料温度绝对误差如图5.6所示。可以看出，RMC/CTF(有DBRC)与MC21/CTF的绝对误差为−16.6～5.4℃，而RMC/CTF(无DBRC)与MC21/CTF的绝对误差为−11.4～3.2℃。考虑了共振弹性散射的结果平均燃料温度的峰值下降，而

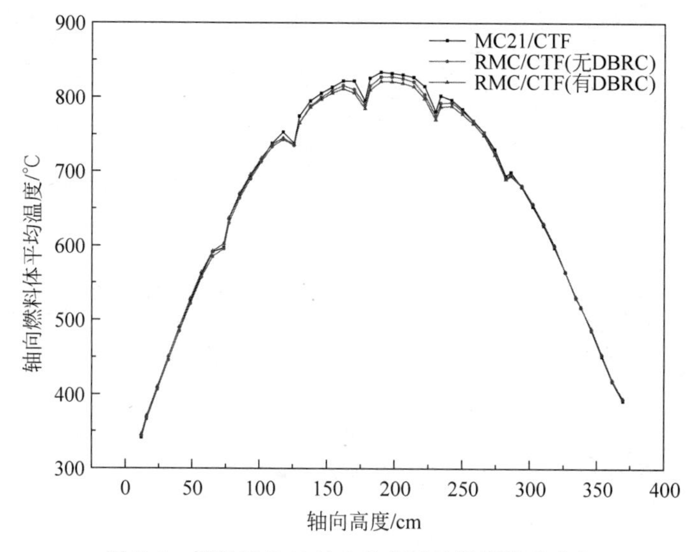

图 5.5 燃料棒#11轴向体积平均燃料温度分布

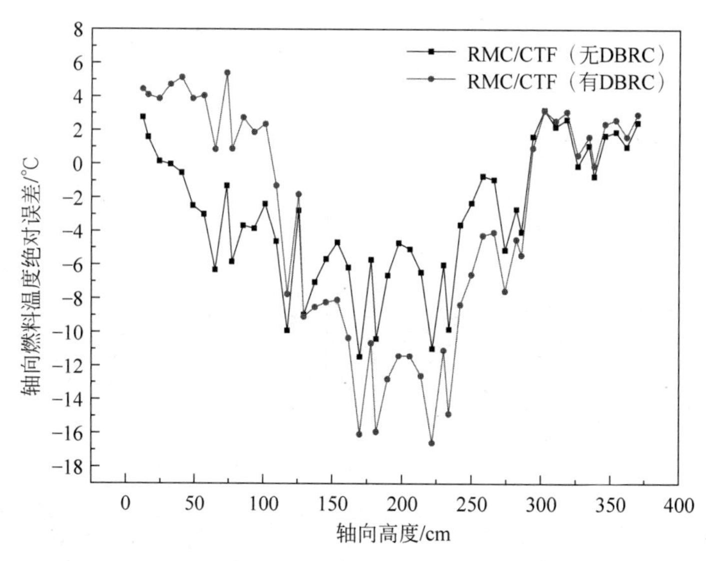

图 5.6 燃料棒#11轴向体积平均燃料温度绝对误差

没有考虑共振弹性散射的 RMC/CTF 结果与 MC21/CTF 符合得很好。

冷却剂出口温度方面，通过对比发现有无 DRBC 的最大差别只有 0.0076℃，两者差别很小，可见共振弹性散射对径向分布影响不明显，图 5.7 为有 DRBC 时的出口冷却剂温度。图 5.8 则对比了 RMC/CTF(有 DRBC)与

327.16	327.67	327.67	327.15	327.62	327.50	326.68	326.59	325.87
327.67	328.00	328.01	327.69	327.97	327.84	327.21	326.90	325.91
327.67	328.01	328.03	327.73	328.04	327.91	327.24	326.89	325.89
327.15	327.69	327.73	327.29	327.79	327.60	326.69	326.53	325.77
327.62	327.97	328.04	327.79	327.79	327.27	326.79	326.67	325.64
327.50	327.84	327.91	327.60	327.27	326.75	326.78	326.69	325.40
326.68	327.21	327.24	326.69	326.79	326.78	326.69	326.36	325.06
326.59	326.90	326.89	326.53	326.67	326.69	326.36	325.81	324.56
325.87	325.91	325.89	325.77	325.64	325.40	325.06	324.56	323.45

图 5.7 冷却剂出口温度(1/4 组件,单位：℃)

-0.04	-0.53	0.47	-0.05	-0.48	0.60	0.18	-0.11	0.87
-0.53	-0.50	-0.19	-0.51	-0.43	-0.16	-0.29	0.00	0.91
0.47	-0.19	0.83	0.43	-0.26	0.91	0.74	0.19	0.99
-0.05	-0.51	0.43	-0.11	-0.51	0.70	0.29	-0.07	0.97
-0.48	-0.43	-0.26	-0.51	0.49	0.57	-0.41	0.17	1.04
0.60	-0.16	0.91	0.70	0.57	0.45	-0.12	0.49	1.10
0.18	-0.29	0.74	0.29	-0.41	-0.12	0.09	0.56	1.16
-0.11	0.00	0.19	-0.07	0.17	0.49	0.56	0.71	1.26
0.87	0.91	0.99	0.97	1.04	1.10	1.06	1.26	1.55

图 5.8 冷却剂出口温度对比(1/4 组件,单位：℃)

MC21/CTF 的差别,绝对误差在－0.53～1.55℃范围内,RMC/CTF 的结果与 MC21/CTF 符合得很好。

最后对比了径向棒功率分布,如图 5.9 所示,相对误差如图 5.10。相对误差为－0.1%～0.15%,RMC/CTF 的结果与 MC21/CTF 符合得很好。

MC21/CTF

	1.0373	1.0372		1.0354	1.0323		1.0122	0.9768
1.0373	1.0098	1.0099	1.0372	1.0085	1.0056	1.0259	0.9880	0.9725
1.0372	1.0100	1.0106	1.0387	1.0112	1.0086	1.0275	0.9880	0.9718
	1.0373	1.0388		1.0448	1.0450		1.0114	0.9740
1.0354	1.0085	1.0112	1.0450	1.0318	1.0512	1.0362	0.9832	0.9649
1.0324	1.0056	1.0085	1.0451	1.0511		1.0173	0.9647	0.9553
	1.0262	1.0275		1.0361	1.0174	0.9732	0.9479	0.9462
1.0120	0.9880	0.9882	1.0116	0.9832	0.9645	0.9479	0.9385	0.9421
0.9768	0.9725	0.9719	0.9741	0.9650	0.9555	0.9463	0.9423	0.9479

RMC/CTF (有DRBC)

	1.0362	1.0363		1.0351	1.0319		1.0120	0.9771
1.0362	1.0088	1.0093	1.0368	1.0082	1.0053	1.0262	0.9882	0.9731
1.0363	1.0093	1.0101	1.0384	1.0109	1.0085	1.0276	0.9881	0.9723
	1.0368	1.0384		1.0445	1.0448		1.0116	0.9748
1.0351	1.0082	1.0109	1.0445	1.0314	1.0505	1.0359	0.9832	0.9654
1.0319	1.0053	1.0085	1.0448	1.0505		1.0173	0.9648	0.9557
	1.0262	1.0276		1.0359	1.0173	0.9736	0.9484	0.9468
1.0120	0.9882	0.9881	1.0116	0.9832	0.9648	0.9484	0.9392	0.9430
0.9771	0.9731	0.9723	0.9748	0.9654	0.9557	0.9468	0.9430	0.9493

图 5.9 径向棒功率分布(1/4 组件)

	-0.10%	-0.09%		-0.02%	-0.04%		-0.02%	0.03%
-0.10%	-0.10%	-0.06%	-0.04%	-0.03%	-0.03%	0.03%	0.02%	0.06%
-0.09%	-0.07%	-0.05%	-0.03%	-0.03%	-0.01%	0.01%	0.01%	0.05%
	-0.05%	-0.04%		-0.03%	-0.02%		0.02%	0.08%
-0.02%	-0.03%	-0.03%	-0.05%	-0.03%	-0.06%	-0.02%	0.00%	0.05%
-0.05%	-0.03%	0.00%	-0.03%	-0.05%		0.00%	0.01%	0.04%
	0.00%	0.01%		-0.02%	-0.01%	0.04%	0.05%	0.06%
0.00%	0.02%	-0.01%	0.00%	0.00%	0.03%	0.05%	0.08%	0.10%
0.03%	0.06%	0.04%	0.07%	0.04%	0.02%	0.05%	0.08%	0.15%

图 5.10　径向棒功率分布相对误差(1/4 组件)

5.2.3　VERA Problem 7

VERA Problem 7 是一个基于 Watts Bar 反应堆的热态满功率全堆基准题。因此,必须考虑燃料温度和冷却剂密度等热工反馈。同时,为了模拟反应堆在热态工况下的反应性,还要考虑饱和氙浓度以及可溶硼浓度对反应性的影响。VERA problem 7 堆芯的运行参数如表 5.3 所示。

表 5.3　Problem 7 堆芯运行参数

参　数	数　值	单　位
入口冷却剂温度	565	K
堆芯压力	1.55×10^{7}	Pa
总功率(100%)	3 411	MW
冷却剂质量流量(100%)	1.66×10^{4}	kg/s
D 组控制棒棒位(提起)	215	步

采用 RMC/CTF 耦合程序进行 VERA problem 7 的全堆 pin-by-pin 物理-热工耦合计算,先关闭临界硼浓度搜索及饱和平衡氙功能。RMC 中,采用每代 10 万个粒子,200 个非活跃代和 400 个活跃代。将 RMC/CTF 耦合的堆芯轴向功率分布与 VERA(MPACT/CTF 耦合)的结果进行了对比,如图 5.11 所示。可见,RMC/CTF 的结果与 MPACT/CTF 符合得很好。考虑热工反馈后,轴向功率分布变得不对称,功率峰移到堆芯下半部。验证了物理-热工耦合计算的准确性。

然后,开启临界硼浓度搜索及饱和平衡氙功能,采用 RMC/CTF 耦合程序进行 VERA problem 7 的全堆耦合计算。RMC 中,采用每代 100 万粒子,200 个非活跃代和 400 个活跃代。将 RMC/CTF 耦合的堆芯轴向功率分布与 MPACT/CTF 耦合的结果进行了对比,如图 5.12 所示。可见 RMC/CTF 的结果与 MPACT/CTF 总体符合较好,但是相对偏差较图 5.11 中纯

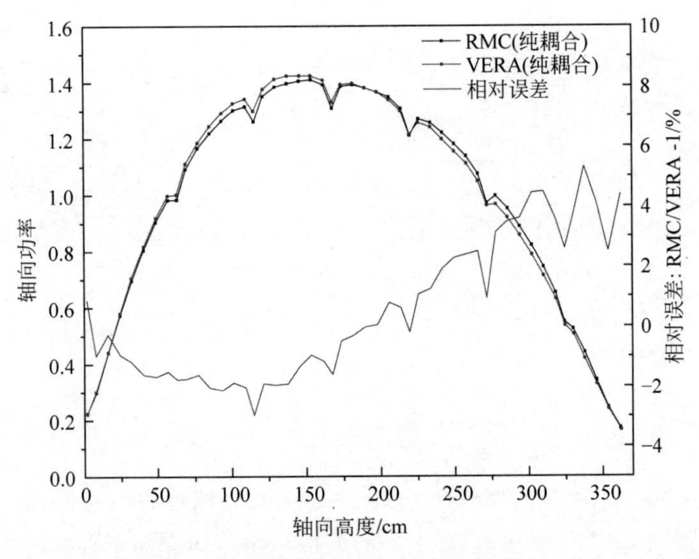

图5.11　堆芯轴向功率(只有热工耦合)

物理-热工耦合的情况有所增大。主要原因可能是RMC和MPACT计算饱和平衡氙浓度时,式(3-6)和式(3-7)中的衰变常数、裂变份额等燃耗数据的选取不一致。另外,RMC中考虑了共振弹性散射的影响,而MPACT中没有考虑,也是造成差异的可能原因之一。

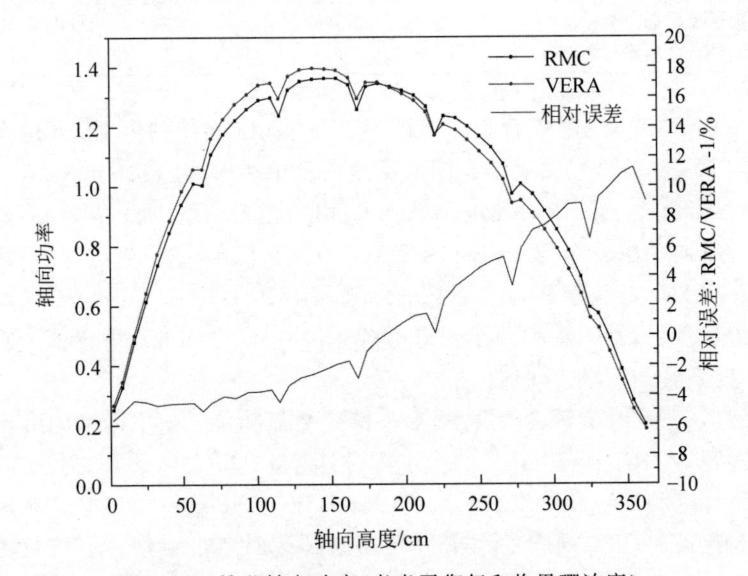

图5.12　堆芯轴向功率(考虑平衡氙和临界硼浓度)

图5.13比较了径向组件功率分布，最大相对误差为2.43%，均方根（root-mean-square，RMS）误差为1.3%，符合较好。

-1.90%	-2.43%	-1.67%	-1.63%	-0.33%	-0.02%	1.34%	1.10%
-2.30%	-1.82%	-2.19%	-1.11%	-0.79%	0.73%	1.20%	1.52%
-1.65%	-2.25%	-1.46%	-1.27%	0.03%	0.63%	1.62%	1.44%
-1.63%	-1.08%	-1.37%	-0.34%	0.08%	1.23%	1.54%	1.07%
-0.62%	-0.83%	-0.12%	-0.05%	1.29%	0.80%	1.43%	
-0.32%	0.39%	0.33%	1.02%	0.89%	1.44%	0.95%	
1.26%	0.98%	1.19%	1.27%	1.64%	1.10%		
1.02%	1.39%	1.24%	1.08%				

图5.13　径向组件功率相对误差（考虑平衡氙和临界硼浓度）

最后，本研究还比较了热态满功率且考虑饱和平衡氙情况下的临界硼浓度，如表5.4所示。可以看出，临界硼浓度的差别只有6×10^{-6}，两个程序符合得很好。

表5.4　临界硼浓度比较

参　　数	RMC/CTF	VERA	RMC/CTF-VERA
临界硼浓度/10^{-6}	848	854	−6

5.3　MIT-BEAVRS基准题

5.3.1　基准题介绍

2013年，MIT规划并逐步推出了基于美国西屋公司核电站实测数据的BEAVRS基准题，作为考验反应堆设计和分析程序的重要标准。BEAVRS基准题除了给出热态零功率（HZP）的数据外，还给出了热态运行情况下两个换料周期的运行数据，该基准题考验的不仅仅是反应堆程序针对全堆pin-by-pin精细模型的计算能力，同时更多地强调程序计算功能的完整性，应能够对基准题中所给出的所有比对结果进行计算，因此对于蒙卡计算程序而言是比Hoogenboom-Martin基准题[90]更大的挑战，也是今后蒙卡方法及程序发展与完善的方向。

目前美国的MC21和OpenMC，欧洲的Serpent，中国的JMCT、SuperMC和RMC等蒙卡程序均计算了BEAVRS基准题pin-by-pin精细模型热态零功率（HZP）的有效增殖因子、功率分布、温度系数和反应性系数等结果，并与基准题中相应数据进行了比对，取得了较好的结果。然而，研究初期国际上具备BEAVRS热态满功率(HFP)模拟能力的蒙卡程序仅有MC21，而MC21程序的模拟也具有一些不足之处，例如：受内存限制只进行了1/4堆的计算、只进行了第一循环模拟、采用截面插值处理温度相关截面和采用简化热工模型等。

基于本书开发的输运-热工-燃耗-换料全寿期高保真耦合程序系统，对BEAVRS的HZP进行了输运计算，对HFP的第一、二循环进行了全寿期耦合计算。

5.3.2 热态零功率计算

首先对BEAVRS进行全堆精细建模，该模型如图5.14所示，组件参数如表5.5所见。BEAVRS热态零功率工况即全部材料温度为566 K，临界硼浓度为975 pcm，D组控制棒棒位为213步，其他控制棒组全部拔出。之前的研究中，RMC已经完成了BEAVRS热态零功率的计算[28]，但是必须预产生566 K的截面数据库。本书采用温度相关截面的在线处理方法，只需要使用0 K的截面数据库，减少了特定温度截面数据库的加工过程。预产生截面和在线截面处理的k_{eff}结果对比如表5.6所示。可以看出，预产生截面和在线截面处理的k_{eff}符合得很好，同时RMC的结果与OpenMC[22]也符合较好。需要注意的是，由于RMC考虑了共振弹性散射，而OpenMC没有考虑，所以RMC的k_{eff}比OpenMC略小74.5 pcm。本研究得出的径向棒功率分布，也与文献中MC21的结果一致[23]。

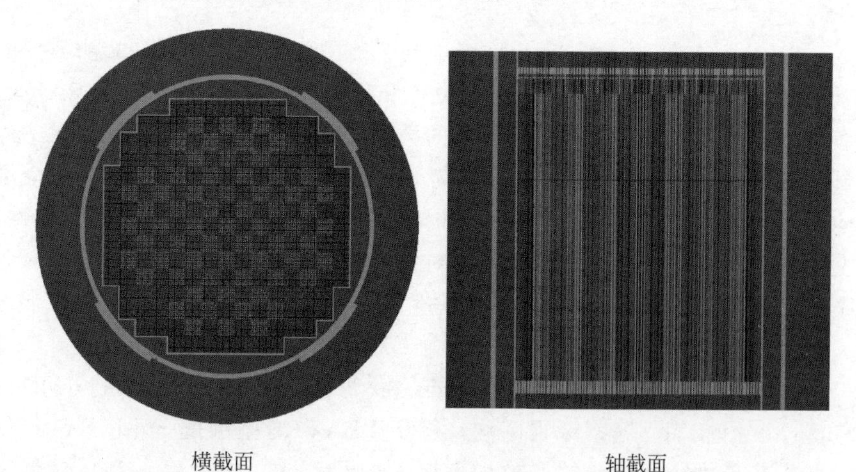

横截面　　　　轴截面

图5.14　BEAVRS全堆几何(见文前彩图)

表 5.5　组件参数

参　　数	数　　值	单　　位
燃料棒数	264	个
导管数	25	个
活性区长度	3 657.6	mm
组件间距	215.04	mm
燃料棒直径	7.84	mm
包壳内表面直径	8.00	mm
包壳外表面直径	9.14	mm
棒间距	12.60	mm
导管内表面直径	11.22	mm
导管外表面直径	12.04	mm

表 5.6　预产生截面和在线截面处理的 k_{eff} 对比

处 理 方 法	k_{eff}	标准差	Δk_{eff}/pcm
预产生截面	0.998 207	0.000 103	—
在线截面处理	0.998 455	0.000 178	24.8
OpenMC	0.999 200	0.000 040	99.3

5.3.3　两循环热态满功率计算

BEAVRS 热态满功率工况的堆芯热工水力参数如表 5.7 所示，对于像 BEAVRS 这样的实际反应堆，全堆物理热工耦合需要考虑 3 种反应性反馈，包括慢化剂和燃料温度、慢化剂密度和硼密度。采用 RMC 与 CTF 耦合，为了考虑轴向功率、温度及密度分布，堆芯活性区轴向划分了 10 层网格，燃料棒径向不分区。温度相关截面采用在线处理方法，同时开启 DBRC 功能，考虑共振散射的影响。

在燃耗计算中，全堆共有 534 880 个燃耗区，为了减少内存消耗，采用了 MPI/OpenMP 混合并行策略。在天河二号超级计算机中，采用 70 个节点共 1680 个核，每个节点两个 MPI 进程，每个 MPI 进程分成 12 个 OpenMP 线程，同时采用了燃耗数据分解，从而使单节点内存消耗小于天河二号的单节点内存 64 GB。

表 5.7　HFP 热工水力参数

参　　数	数　　值	单　　位
总功率	3 411	MW
质量流量率	17 083	kg/s
参考压力	15.517	MPa
入口冷却剂温度	292.78	℃

根据图 3.42，输运-热工-燃耗三者耦合的迭代策略具体实现如表 5.8 所示。在第 1 个燃耗步，首先根据假设的初始功率分布进行一次热工计算（第 0 次热工），得到初始热工参数分布。然后连续进行两次输运-热工耦合迭代，即第 1 次输运/热工计算和第 2 次输运/热工计算。获取考虑了热工反馈的功率和反应率分布，再进行燃耗计算。而在后续的燃耗步中，同样也是进行连续两次输运-热工耦合迭代，再进行燃耗计算。其中，第 1 次输运计算的温度、密度及初始源中子分布采用上一燃耗步末已经比较收敛的温度、密度及源中子分布作为初始值。由于相邻燃耗点间的步长不大，相邻燃耗点间的温度、密度及源中子分布变化不大，因此这种初始值的选取方式可以有效减少源迭代及输运-热工耦合的迭代次数。

表 5.8　迭代策略

迭代次数	计算内容	计算条件
0	初始功率分布＋第 0 次热工	第 1 个燃耗步
	上一燃耗步温度密度分布	第 n 个燃耗步（$n>1$）
1	第 1 次输运/第 1 次热工	每代 100 万粒子，150 个非活跃代，400 个活跃代
2	第 2 次输运/第 2 次热工	
3	燃耗计算	

5.3.3.1　临界硼浓度对比

RMC 在每个燃耗步进行硼浓度的临界搜索，可以得到临界硼浓度并与 BEAVRS 基准题的运行测量值对比。对于 BEAVRS 的第一循环，其功率历史不是恒功率的。整个第一循环的平均功率为 75％满功率，因此 RMC 采用 75％满功率进行燃耗计算，得到临界硼浓度如图 5.15 所示，可以看出 RMC 的计算值与测量值很接近。临界硼浓度误差为 -12×10^{-6}～19.5×10^{-6}。

第一循环后，根据第二循环装料方案，利用蒙卡倒换料功能，对第一循

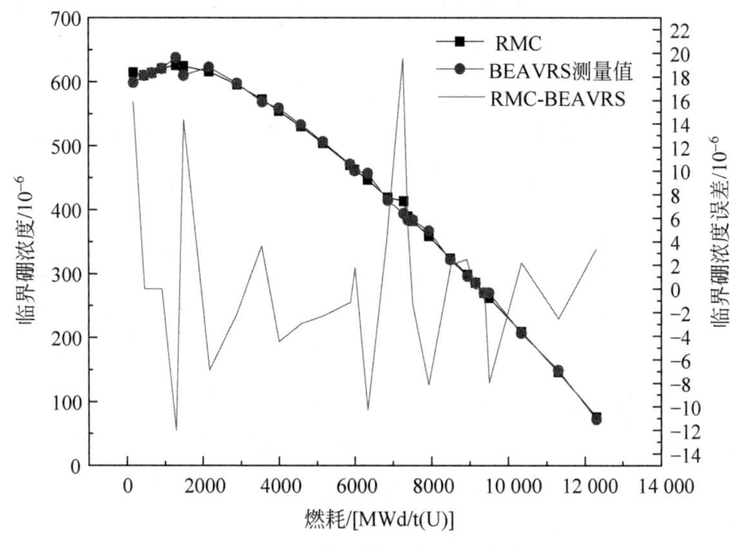

图 5.15 第一循环临界硼浓度

环燃耗后的燃料进行倒料以及换入新料，然后接着进行第二循环燃耗。由于第二循环的功率历史接近满功率运行，因此采用 100%功率进行燃耗计算，得到的临界硼浓度如图 5.16 所示。第二循环的临界硼浓度与测量值的最大偏差为 39×10^{-6}，偏差随燃耗加深而减小。

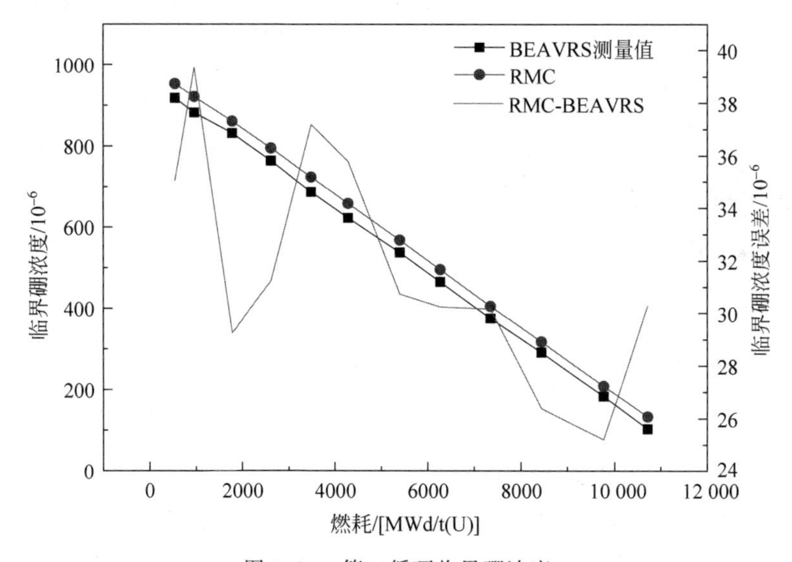

图 5.16 第二循环临界硼浓度

恒定功率历史（包括恒定功率下的平衡氙浓度）的近似处理与图5.18和图5.21中的实际功率历史不同，是造成误差的原因之一。另外，在实际反应堆中，除了可溶硼调节之外，控制棒位的调节也起到反应性控制的作用。而在本节的计算中所有控制棒都被提出堆芯。同时，物理-热工耦合迭代以及临界搜索的收敛性也对计算的结果有一定影响。

5.3.3.2　全堆棒功率对比

除了临界硼浓度外，第一循环中1043.0 WMd/t(U)、4587 WMd/t(U)和12 525.6 WMd/t(U)三个燃耗点的全堆棒功率分布也与MC21程序的结果[30]进行了比较（MC21程序只给出了1043.0 WMd/t(U)和12 525.6 WMd/t(U)的结果），如图5.17所示，两者符合较好。由于MC21的功率分布结果来源于文献，所以没有进行MC21和RMC具体棒功率数值的比较。另外由于MC21没有进行第二循环计算，图5.18只给出了RMC第二循环全堆棒功率分布的结果。

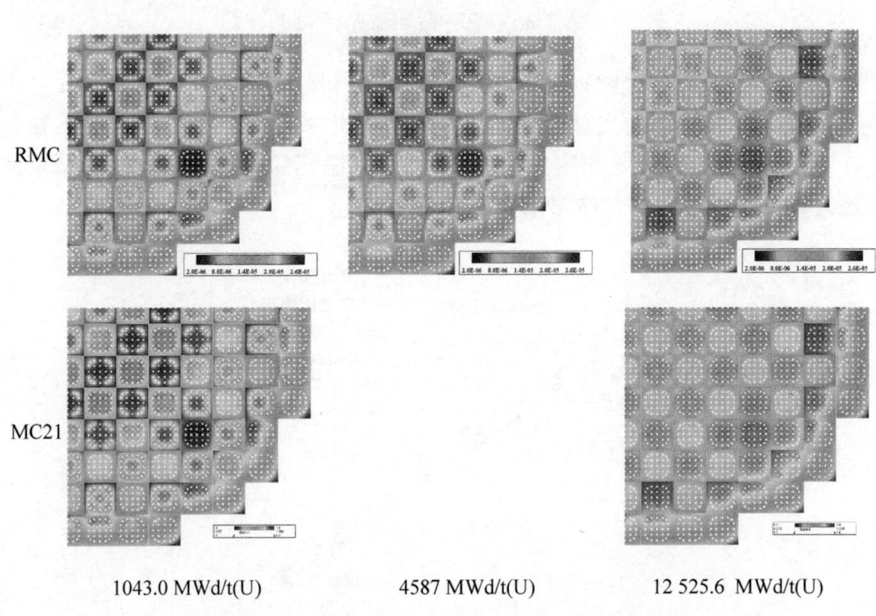

图5.17　第一循环全堆棒功率分布比较（见文前彩图）

5.3.3.3　探测器响应对比

堆芯中的一些组件中心的导管中会布置仪表管，并通过仪表管记录堆芯中不同位置的裂变率。对第一循环中1043.0 WMd/t(U)、4587 WMd/t(U)

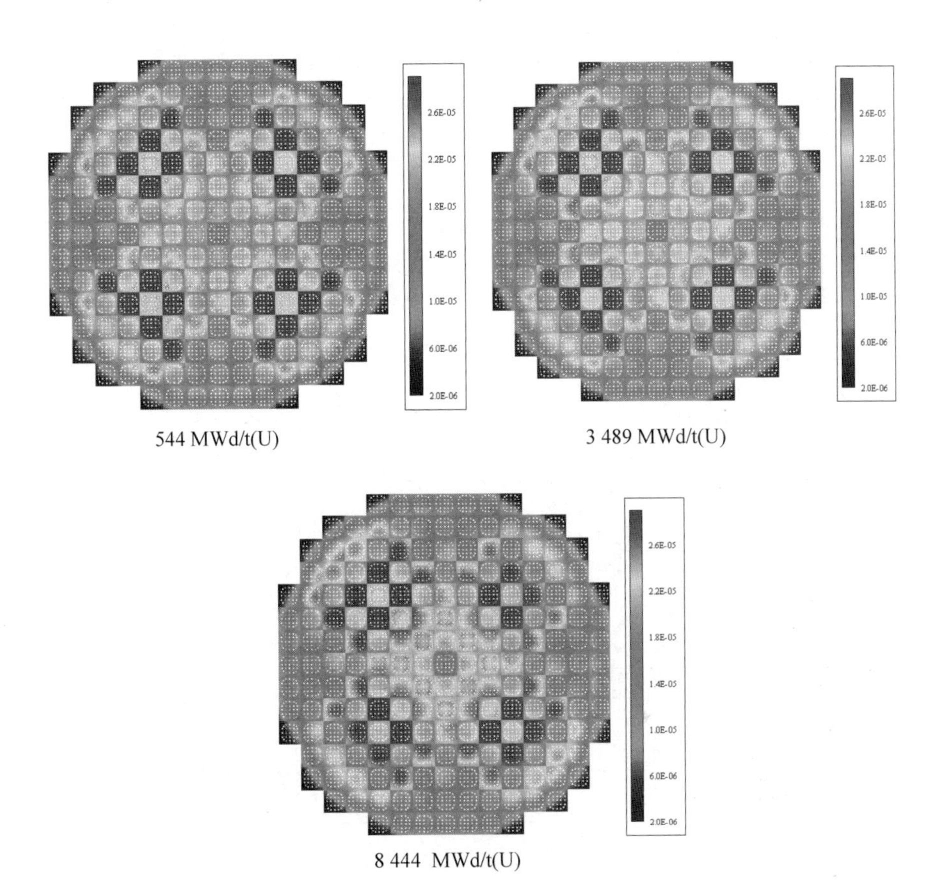

图 5.18　第二循环全堆棒功率分布(见文前彩图)

和 12 525.6 WMd/t(U)三个燃耗点的仪表管探测器响应与测量值进行了对比,结果分别如图 5.19、图 5.20 和图 5.21 所示。可以发现相对误差较大的地方(图 5.19～图 5.21 中标灰色处)多数出现在堆芯外围功率较小的位置,堆芯其他位置计算值与测量值符合良好。

探测器响应在三个燃耗步的最大相对误差和均方根(RMS)误差如表 5.9 和表 5.10 所示,并与 MC21 和 SIMULATE-3 的结果对比。可以看出 RMC 的误差比 MC21 和 SIMULATE-3 的略大。总体而言,三个程序的探测器响应的计算结果是一致的,且误差水平相当。

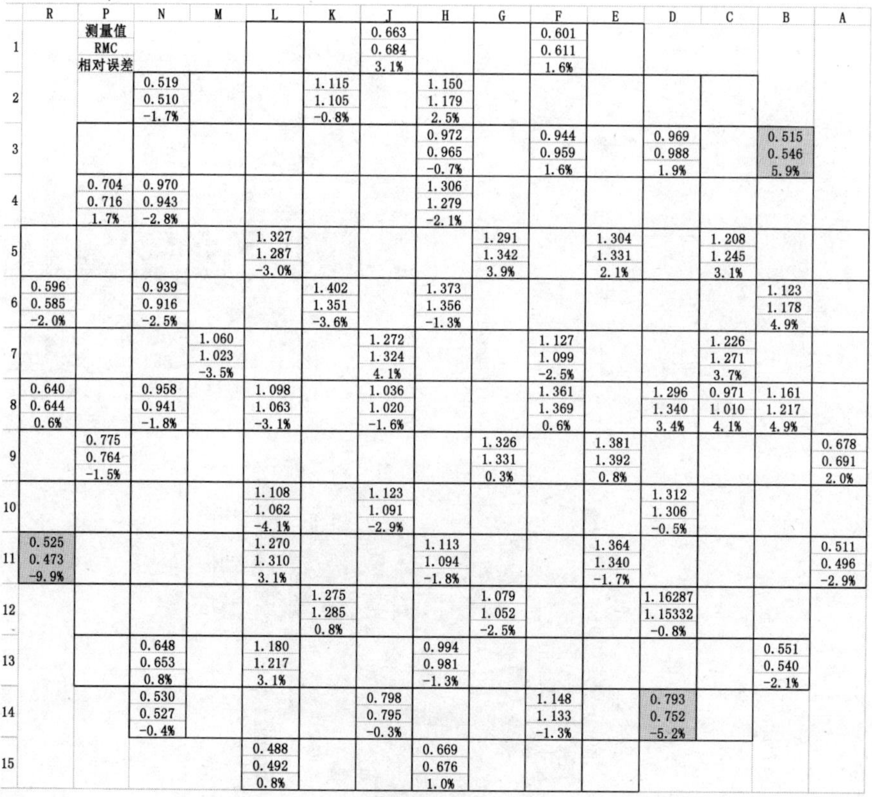

	R	P	N	M	L	K	J	H	G	F	E	D	C	B	A
1		测量值 RMC 相对误差					0.663 0.684 3.1%			0.601 0.611 1.6%					
2			0.519 0.510 -1.7%			1.115 1.105 -0.8%		1.150 1.179 2.5%							
3								0.972 0.965 -0.7%		0.944 0.959 1.6%		0.969 0.988 1.9%		0.515 0.546 5.9%	
4		0.704 0.716 1.7%	0.970 0.943 -2.8%					1.306 1.279 -2.1%							
5					1.327 1.287 -3.0%				1.291 1.342 3.9%		1.304 1.331 2.1%		1.208 1.245 3.1%		
6	0.596 0.585 -2.0%		0.939 0.916 -2.5%			1.402 1.351 -3.6%		1.373 1.356 -1.3%						1.123 1.178 4.9%	
7				1.060 1.023 -3.5%			1.272 1.324 4.1%			1.127 1.099 -2.5%			1.226 1.271 3.7%		
8	0.640 0.644 0.6%		0.958 0.941 -1.8%		1.098 1.063 -3.1%		1.036 1.020 -1.6%			1.361 1.369 0.6%		1.296 1.340 3.4%	0.971 1.010 4.1%	1.161 1.217 4.9%	
9		0.775 0.764 -1.5%							1.326 1.331 0.3%		1.381 1.392 0.8%				0.678 0.691 2.0%
10					1.108 1.062 -4.1%		1.123 1.091 -2.9%					1.312 1.306 -0.5%			
11	0.525 0.473 -9.9%				1.270 1.310 3.1%			1.113 1.094 -1.8%			1.364 1.340 -1.7%				0.511 0.496 -2.9%
12						1.275 1.285 0.8%			1.079 1.052 -2.5%			1.16287 1.15332 -0.8%			
13			0.648 0.653 0.8%		1.180 1.217 3.1%			0.994 0.981 -1.3%						0.551 0.540 -2.1%	
14			0.530 0.527 -0.4%				0.798 0.795 -0.3%			1.148 1.133 -1.3%		0.793 0.752 -5.2%			
15					0.488 0.492 0.8%			0.669 0.676 1.0%							

图 5.19　探测器响应比较[1043.0 WMd/t(U)]

表 5.9　探测器响应的最大相对误差对比

程　　序	1043.0 WMd/t(U)	4587 WMd/t(U)	12 525.6 WMd/t(U)
RMC	9.9%	6.7%	7.6%
MC21	7.7%	3.2%	4.5%
SIMULATE-3	9.0%	3.5%	3.0%

表 5.10　探测器响应的 RMS 误差对比

程　　序	1043.0 WMd/t(U)	4587 WMd/t(U)	12 525.6 WMd/t(U)
RMC	2.9%	3.1%	3.8%
MC21	2.5%	1.2%	2.1%
SIMULATE-3	2.5%	1.1%	1.1%

	R	P	N	M	L	K	J	H	G	F	E	D	C	B	A
1		测量值 RMC 相对误差					0.676 0.667 -1.4%			0.620 0.612 -1.3%					
2			0.527 0.509 -3.4%			1.136 1.079 -5.0%		1.184 1.141 -3.6%							
3								1.042 1.011 -2.9%		1.027 1.015 -1.1%				0.535 0.538 0.5%	
4		0.721 0.711 -1.4%	1.003 0.980 -2.3%					1.313 1.264 -3.7%							
5									1.332 1.318 -1.0%		1.320 1.328 0.6%				
6	0.610 0.605 -0.8%		1.015 0.973 -4.1%			1.342 1.287 -4.1%		1.330 1.313 -1.3%							
7				1.103 1.062 -3.7%			1.319 1.291 -2.1%			1.126 1.140 1.2%					
8	0.658 0.642 -2.5%		1.038 1.002 -3.4%		1.122 1.099 -2.1%		1.073 1.084 1.0%			1.322 1.347 1.9%		1.294 1.330 2.8%	1.038 1.072 3.2%	1.188 1.191 0.2%	
9		0.845 0.822 -2.8%							1.313 1.314 0.1%		1.325 1.342 1.3%				0.687 0.674 -1.9%
10					1.123 1.102 -1.9%		1.135 1.107 -2.5%					1.287 1.293 0.4%			
11	0.503 0.483 -4.0%				1.322 1.292 -2.3%			1.132 1.105 -2.4%			1.322 1.310 -0.9%				0.524 0.489 -6.7%
12						1.284 1.240 -3.4%			1.105 1.068 -3.4%			1.117 1.147 0.027			
13			0.709 0.690 -2.7%		1.227 1.165 -5.1%			1.040 0.994 -4.4%						0.543 0.522 -3.9%	
14			0.534 0.509 -4.7%				0.842 0.818 -2.9%			1.148 1.088 -5.2%		0.742 0.724 -2.3%			
15					0.505 0.475 -5.9%			0.673 0.643 -4.6%							

图 5.20　探测器响应比较[4587 WMd/t(U)]

探测器响应的误差受蒙卡统计不确定度的影响较大。RMC 采用了全堆模型,每次蒙卡输运计算总共采用 4×10^9 个粒子；而 MC21 采用了 1/4 堆模型,每次蒙卡输运计算总共采用 2×10^9 个粒子。RMC 在全堆模型中要达到与 MC21 相同的统计不确定度水平,需要采用 8×10^9 个粒子,即增加 1 倍的粒子数。

5.3.3.4　计算时间

在计算时间方面,RMC 在天河二号超级计算机中,采用 70 个节点共 1680 个核,输运计算每代 100 万粒子,共 550 代,其中带反应率统计的活跃代有 400 代,总共 4×10^9 个粒子参与反应率统计。第一循环共 29 个燃耗步,第二个循环共 12 个燃耗步。对比了优化前和优化后两种方法的 RMC 计算时间。其中优化前表示在线截面处理采用 TMS 方法,且未采用 Batch 方法减少集合通信；优化后表示在线截面处理采用改进 Gauss-Hermite 方法,同时采用 Batch 方法减少集合通信,以 40 代为一个 Batch,活跃代共分为 10 个 Batch。两种方法 RMC 的计算时间如表 5.11 所示。可见,优化后

	R	P	N	M	L	K	J	H	G	F	E	D	C	B	A
1		测量值 RMC 相对误差					0.717 0.700 -2.4%			0.666 0.655 -1.7%					
2			0.564 0.530 -6.2%			1.195 1.128 -5.6%		1.226 1.179 -3.8%							
3								1.095 1.052 -4.0%		1.087 1.052 -3.3%				0.574 0.563 -1.9%	
4		0.767 0.721 -6.0%	1.099 1.022 -7.0%					1.231 1.183 -3.9%							
5					1.275 1.178 -7.6%				1.245 1.210 -2.8%		1.273 1.239 -2.7%		1.260 1.240 -1.6%		
6	0.663 0.622 -6.1%		1.081 1.020 -5.6%			1.235 1.165 -5.7%								1.195 1.194 -0.2%	
7							1.233 1.181 -4.2%			1.065 1.052 -1.2%					
8	0.701 0.660 -5.8%		1.086 1.020 -6.1%		1.065 1.032 -3.2%							1.244 1.265 1.7%		1.235 1.253 1.5%	
9		0.936 0.890 -4.9%							1.222 1.219 -0.3%		1.236 1.247 0.9%				0.722 0.753 4.2%
10					1.090 1.040 -4.6%		1.070 1.047 -2.1%					1.248 1.282 2.7%			
11	0.549 0.525 -4.3%				1.284 1.215 -5.4%			1.068 1.063 -0.4%			1.255 1.278 1.9%				0.568 0.555 -2.4%
12									1.091 1.087 -0.3%			1.164 1.190 2.3%			
13					1.265 1.224 -3.2%			1.082 1.088 0.6%						0.575 0.566 -1.7%	
14			0.563 0.540 -4.1%				0.921 0.931 1.1%			1.148 1.088 -5.2%		0.773 0.776 0.4%			
15					0.542 0.530 -2.1%			0.702 0.710 1.3%							

图 5.21　探测器响应比较[12 525.6 WMd/t(U)]

可以节省将近 50%的计算时间。

通过截面处理方法及并行算法等方面的改进和优化，RMC 在反应堆高保真模拟的计算效率得到有效提高，有利于蒙卡程序在反应堆高保真模拟中的应用。

表 5.11　两种方法 RMC 的计算时间

方　　法	第一循环/min	第二循环/min	总时间/min
优化前	4679.6	1741.0	6420.6
优化后	2557.8	726.1	3283.9

5.4　高温堆燃料元件燃耗基准题

为了检验不同方法和程序对于处理随机介质及其燃耗问题的准确性，美国橡树岭国家实验室的 Mark D. DeHart 等在 2009 年发布了高温堆燃料元件燃耗基准题。包括燃料颗粒重复栅格、燃料球栅元和棱柱堆超栅元算例三种典型模型。本节采用蒙卡燃耗计算与显式模拟方法结合，对燃料球及棱柱堆超栅元算例进行了计算验证。

5.4.1　燃料球算例

燃料球算例是一个球床高温堆燃料球。燃料球外围是氦气冷却剂，位于立方体栅格中，如图5.22所示。立方体的六个外边界面是全反射边界条件，构成一个立方体无限栅格。燃料区的半径为2.5 cm，燃料区外围的石墨层半径为3.0 cm (0.5 cm 厚)。燃料区是石墨基体中填充了15 000个随机排布的燃料颗粒。立方体栅格的边长为6.0 cm，即栅格的边界与燃料球外切。基准题的参数如表5.12所示。

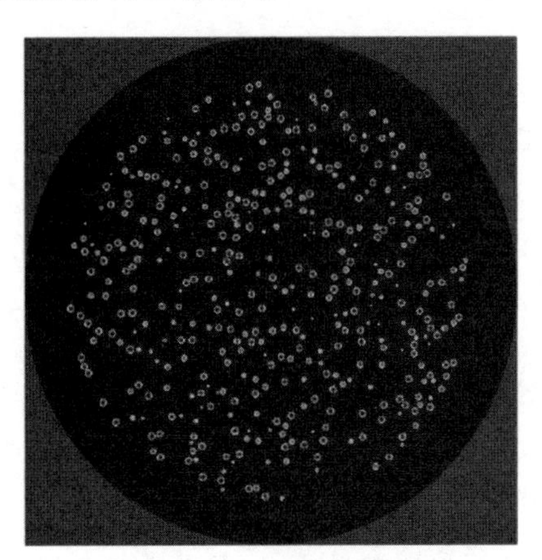

图5.22　高温堆燃料球

表5.12　燃料球算例描述

参　　数	单　　位	数　　值
立方体栅格边长	cm	6.0
燃料球半径	cm	3.0
燃料区半径	cm	2.5
每个球中的颗粒数	个	15 000
颗粒的体积填充率	%	9.043
石墨基体密度	g/cm^3	1.75
燃料球外石墨包覆区密度	g/cm^3	1.75
UO_2 燃料密度	g/cm^3	10.4

计算条件为每代 3000 个粒子，50 个非活跃代，250 个活跃代。燃耗计算的比功率为 62 MW/TU，最大燃耗深度为 120 MWd/kg(U)，k_{inf} 的统计标准差为 0.000 86。对比的程序为蒙卡程序 Serpent[47]，RMC 和 Serpent 均采用 ENDF/B VII.0 数据库。同时，RMC 和 Serpent 均采用显式方法对随机排布的燃料颗粒进行建模。k_{inf} 对比如图 5.23 所示。从图 5.23 可见，k_{inf} 的偏差在 −178～247 pcm。RMC 和 Serpent 的结果符合很好。

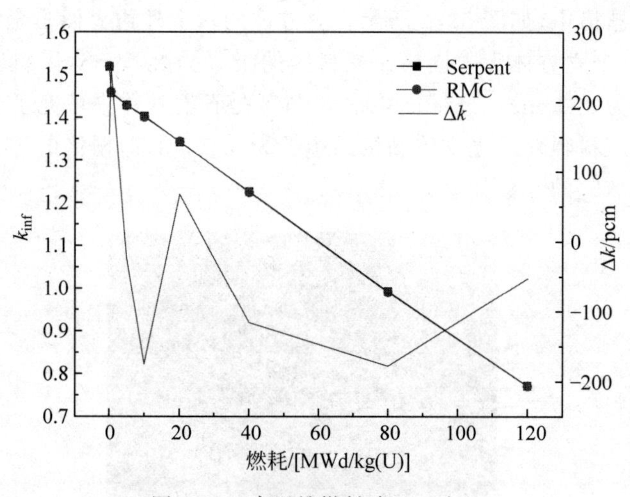

图 5.23　高温堆燃料球 k_{inf} 对比

5.4.2　棱柱堆超栅元算例

棱柱堆超栅元算例包括燃料通道、石墨慢化剂以及冷却剂通道，基准题的参数如表 5.13 所示。3000 个 TRISO 颗粒随机分布在圆柱形的燃料区中，如图 4.16 所示。需要注意的是，4.5.1 节的算例是基于表 5.13 构造出来的，燃料元件的高度改成了 49.3 cm。

表 5.13　棱柱堆超栅元算例参数

参　数	单　位	数　值
超栅元三角形边距(冷却剂和燃料通道间以及两个燃料通道间)	cm	1.880
燃料通道直径	cm	1.270
冷却剂通道直径	cm	1.588
燃料元件(位于燃料通道中心)直径	cm	1.245
燃料元件高度	cm	4.93

续表

参　　数	单　　位	数　　值
每个燃料元件中的颗粒数		3000
颗粒的体积填充率	%	19.723
石墨基体密度	g/cm^3	1.75
每个燃料元件中的 UO_2 燃料质量	g	2.042

计算条件为每代 100 000 个粒子，200 个非活跃代，800 个活跃代，k_{inf} 的统计标准差为 0.000 764。最大燃耗深度为 120 MWd/kg(U)。对比的程序为蒙卡程序 BGCore，是 MCNP 和燃耗求解器 SARAF 耦合的程序。BGCore 采用 JEFF 3.1 数据库，RMC 采用 ENDF/B VII.0 数据库。RMC 采用显式方法对随机排布的燃料颗粒进行建模，BGCore 采用重复几何对燃料颗粒建模，因此在燃料通道边缘会有颗粒被切割。BGCore 的统计标准差为 40 pcm。对比的程序还有 SCALE 程序包中的蒙卡求解器 KENO，k_{inf} 对比如图 5.24 所示。

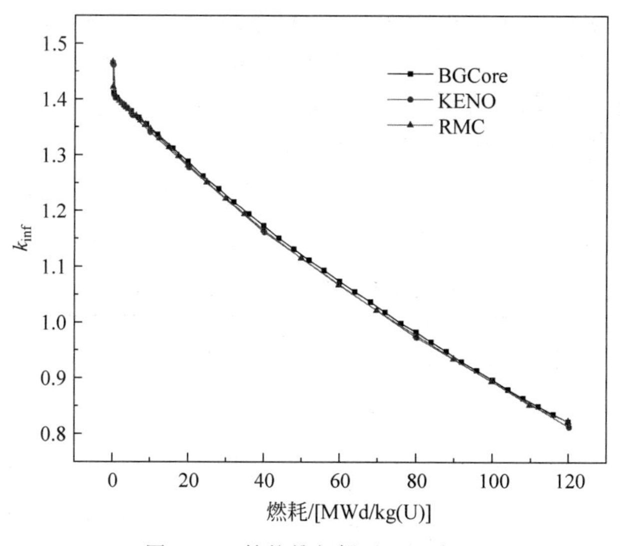

图 5.24　棱柱堆超栅元 k_{inf} 对比

从图 5.24 可见，RMC、BGCore 和 KENO 都符合较好。取 BGCore 和 KENO 的 k_{inf} 平均值与 RMC 比较，k_{inf} 偏差如图 5.25 所示，偏差为 −186～374 pcm，结果符合较好。

BGCore 和 RMC 的锕系核素核密度相对偏差如表 5.14 所示。从表 5.14

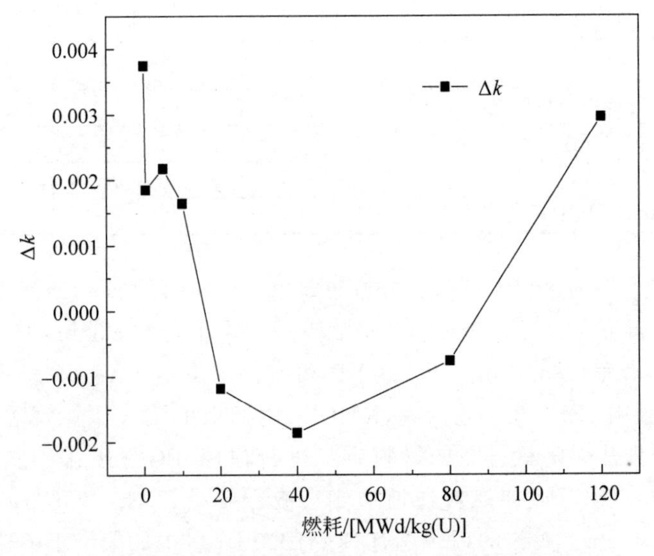

图 5.25　BGCore 和 KENO 平均值和 RMC 的 k_{inf} 对比

的核素密度对比可以看出，除了^{241}Am 在燃耗为 120 WMd/kg 时，相对偏差为－14.9%外，其他核素的核密度偏差均小于 10%，结果符合较好。由于 RMC 采用了随机分布，而 BGCore 采用了规则分布，几何处理方式的不同是造成差异的主要原因之一。同时，由于 BGCore 使用的截面、衰变常数、分支比等均基于 JEFF 3.1 数据库，而 RMC 采用 ENDF/B VII.0 数据库，也是造成核素密度差异的原因之一。

表 5.14　锕系核素核密度相对偏差(单位：%)

核素	燃耗/(MWd/kg)				
	10	20	40	80	120
^{235}U	0.2820	0.5780	1.1000	1.1900	－2.7500
^{238}U	0.0047	0.0201	0.0395	0.0716	0.0540
^{239}Pu	－1.3000	－1.0500	－0.5340	－0.6830	－1.5700
^{240}Pu	－2.9800	－2.3100	－1.3400	0.7860	0.6120
^{241}Pu	－5.1500	－4.6000	－3.0000	－1.8700	－1.9000
^{242}Pu	－6.9200	－6.1000	－4.1700	－0.6120	3.2400
^{241}Am	－6.2800	－6.4900	－7.0000	－9.8900	－14.9000

5.5 球床式高温堆 HTR-10 首次临界试验计算

5.5.1 HTR-10 介绍

HTR-10 是清华大学核能与新能源技术研究院设计及运行的 10 MW 高温气冷实验堆。HTR-10 采用球床堆芯，堆芯由燃料球和石墨球堆叠而成，初装料时燃料球和石墨球的比为 0.57：0.43，每个燃料球包含 8355 个颗粒。HTR-10 的模型如图 5.26 所示，参数如表 5.15～表 5.17 所示。更详细的描述可见参考文献[94]。

表 5.15 堆芯设计参数

参 数	数值/cm
堆芯等效直径	180
堆芯等效高度	196.5
堆内上腔高度	42
顶部反射层厚度	90
底部圆锥形反射层高度	38

表 5.16 燃料球和石墨球参数

参 数	数值/cm
燃料球直径	6
燃料球中燃料区直径	5
石墨球直径	6

表 5.17 包覆颗粒参数

参 数	数值/cm
燃料芯块半径	0.025
低密度热解碳厚度	0.009
内层高密度热解碳厚度	0.004
碳化硅厚度	0.0035
外层高密度热解碳厚度	0.004

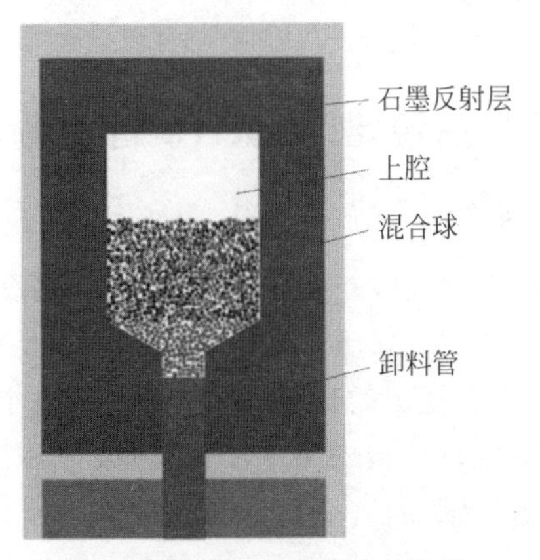

图 5.26　HTR-10 堆芯的布置

5.5.2　首次临界试验建模与计算

2000 年，通过装料和临界外推，HTR-10 在 12 月 1 日首次达到临界。本节采用 RMC 的显式建模法进行球床式高温气冷堆的建模和计算，从而实现对球床高温堆的双重非均匀几何[93]的模拟，并与 HTR-10 首次临界试验结果进行对比。

HTR-10 的显式建模过程如图 5.27 所示。分为三步，第一步用 RSA 产生燃料球中颗粒的位置，第二步用离散单元法(DEM)产生大球的位置，最后用 RMC 进行全堆建模及输运计算。

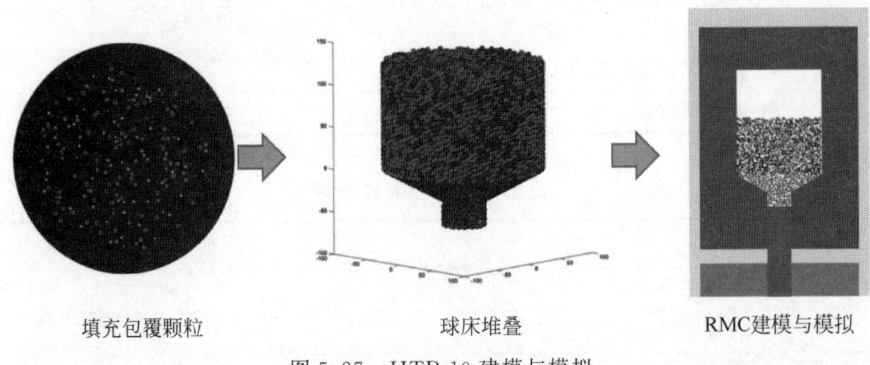

图 5.27　HTR-10 建模与模拟

首先是 27℃真空环境的情况，RMC 每代采用 5000 个中子，200 个非活跃代和 800 个活跃代。RMC 和 VSOP 的 k_{eff} 对比如表 5.18 和图 5.28 所示。可见 RMC 和 VSOP 符合得很好，RMC 的 k_{eff} 比 VSOP 略大。

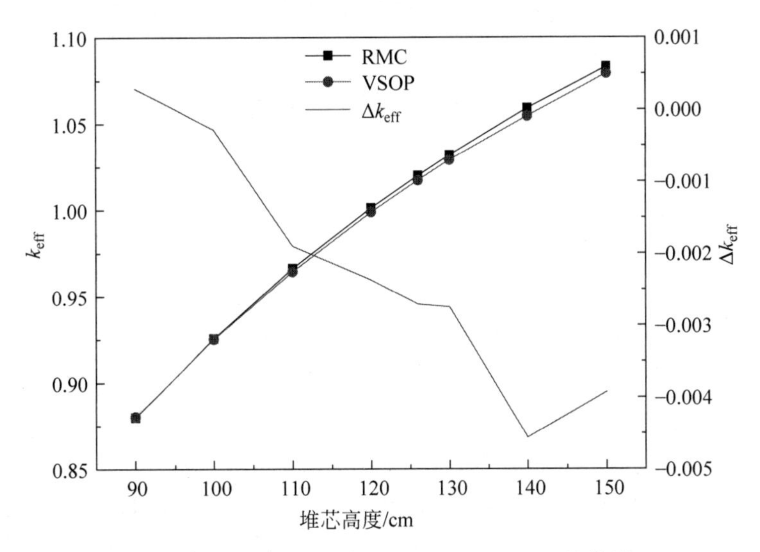

图5.28 27℃真空环境下RMC和VSOP的结果

表5.18 27℃真空环境下RMC的结果

堆芯高度/cm	混合球数目	k_{eff}
90	12 353	0.880 03±0.000 42
100	13 725	0.925 58±0.000 43
110	15 098	0.966 33±0.000 44
120	16 470	1.001 25±0.000 44
126	17 294	1.019 98±0.000 42
130	17 843	1.031 84±0.000 45
140	19 215	1.059 08±0.000 45
150	20 588	1.083 13±0.000 45

表5.19是RMC和VSOP在27℃空气环境下的结果，对120 cm和126 cm的k_{eff}和混合球数进行插值，可以得到RMC的临界球数为16 873，VSOP的计算结果为16 821，而实验结果为16 890个混合球。可见RMC和VSOP均与实验值符合得很好，其中RMC的结果与实验值更接近。

表5.19 27℃空气环境下RMC和VSOP的结果

堆芯高度/cm	混合球数目	k_{eff}	
		RMC	VSOP
120	16 470	0.990 65±0.000 43	0.992 15
126	17 294	1.009 75±0.00 044	1.010 56

5.6 本章小结

本章基于第 2 章、第 3 章和第 4 章在 RMC 基础上开发的若干关键算法及功能，实现了具备全寿期高保真耦合模拟和随机介质输运-燃耗计算功能的程序系统。

在全寿期高保真模拟方面，计算了 VERA 基准题组件及堆芯问题和 BEAVRS 两循环基准题，与国际上公开文献中 OpenMC、SIMULATE-3、MC21/CTF 和 MPACT/CTF 等的结果以及基准题给出的测量值进行了对比，比较了临界硼浓度、功率分布、探测器响应、燃料温度分布和冷却剂出口温度分布等，RMC/CTF 耦合程序的结果符合良好，验证了 RMC 全寿期模拟的准确性。本研究在国际范围内首次采用蒙卡程序对 BEAVRS 基准题两循环热态满功率工况进行了计算和分析，证明了蒙卡程序进行反应堆全寿期热态满功率计算的能力。

在随机介质计算方面，计算了高温堆燃料元件燃耗基准题及球床式高温堆 HTR-10 首次临界试验基准题。采用蒙卡燃耗计算与显式模拟方法结合，对高温堆燃料元件燃耗基准题的燃料球及棱柱堆超栅元算例进行了计算，结果与 BGCore、Serpent 和 KENO 等程序的结果进行了对比，在反应性及核素密度方面均符合良好。同时，采用显式模拟方法与 RSA 和 DEM 等填充方法相结合，实现了对球床高温堆双重非均匀几何的模拟，并与球床高温堆经典计算程序 VSOP 的结果以及实验值进行了对比，符合良好。验证了 RMC 在随机介质输运和燃耗计算方面的能力及准确性。

第6章 总结与展望

6.1 总　　结

本书基于自主反应堆蒙卡程序 RMC 开展了蒙卡反应堆全寿期高保真耦合模拟和随机介质精细计算研究。主要研究工作及成果包括：

（1）研究了连续能量点截面全能区温度在线处理方法，实现了对可分辨共振能区、热化能区和不可分辨共振能区的在线截面处理方法。针对可分辨共振能区，本课题提出了基于 ray tracking 的 TMS 方法以及改进 Gauss-Hermite 方法。在热化能区和不可分辨共振能区分别提出了热散射数据和概率表的在线插值方法。

（2）研究了基于蒙卡的物理热工耦合方法，特别是全堆三维 pin-by-pin 精细耦合方法。除了截面更新采用全能区在线截面处理外，针对蒙卡-子通道耦合提出了基于三维网格的网格对应方法以及冷却剂密度和可溶硼核密度更新方法，耦合模式上提出了基于混合耦合的 RMC/CTF 通用耦合。同时，采用了松弛因子方法进行功率更新，克服了蒙卡全堆耦合中的功率振荡问题。

（3）研究了蒙卡多循环大规模燃耗计算方法。大规模燃耗算法方面提出了区域分解＋混合并行＋燃耗数据分解与组统计相结合的方法；氙平衡修正方面提出了基于 Batch 的改进平衡氙方法及其收敛判据；蒙卡换料方面提出了基于材料数据-几何栅元-计数器-燃耗数据映射关系的内置换料方法。

（4）研究了随机介质精细计算方法。在输运计算方面，实现了随机栅格法、弦长抽样法和显式模拟法三种方法，同时提出了多种颗粒类型的弦长抽样法和弦长抽样法的定量修正方法以及带虚拟网格加速的显式模拟法。在组件燃耗计算方面，实现了弥散燃料元件/组件层面的颗粒级精细燃耗计算。在全堆燃耗计算方面，提出了基于虚拟网格和空间的两种燃耗区合并策略，并结合大规模燃耗算法，实现了弥散燃料全堆输运-燃耗计算。

(5) 基于国际高保真耦合基准题 MIT-BEAVRS 和 CASL-VERA，验证了 RMC 高保真耦合计算的能力；基于球床式高温堆及高温堆燃耗基准题，验证了 RMC 随机介质输运-燃耗计算的能力。

6.2 创 新 点

本书的创新点包括：

(1) 提出了应用于可分辨共振能区截面在线处理的改进 Gauss-Hermite 方法。该方法在输运-燃耗耦合计算中具有很高的效率。实现了全能区连续能量点截面的在线处理。

(2) 提出了 RMC/CTF 通用耦合方法。实现了压水堆多尺度(棒/组件/堆芯)、灵活(不同堆芯排布)的 pin-by-pin 耦合计算；同时采用了松弛因子方法进行功率更新，解决了蒙卡热工耦合中的功率振荡问题，达到了提高耦合稳定性及加速迭代收敛的效果。

(3) 提出了区域分解＋混合并行＋燃耗数据分解与组统计相结合的方法、基于 Batch 的改进平衡氙方法及其收敛判据，以及基于材料数据-几何栅元-计数器-燃耗数据映射关系的内置换料方法。实现了高效的千万网格超大规模燃耗计算，并且提高了蒙卡大规模燃耗计算的稳定性，同时支持多种类型燃料/毒物棒的全堆换料操作。

(4) 提出了多种颗粒类型的弦长抽样法、弦长抽样法填充率的定量修正方法、带虚拟网格加速的显式模拟法和基于虚拟网格与空间的两种燃耗区合并策略。提高了弦长抽样法的计算精度和应用范围以及显式模拟法的计算效率。

(5) 国际范围内首次采用蒙卡程序完成了 BEAVRS 基准题两循环热态满功率工况的模拟，实现了弥散燃料全堆芯燃耗计算。证明了蒙卡程序进行不同燃料类型反应堆高保真计算的能力，为蒙卡程序的多物理高保真模拟奠定了基础。

6.3 展　　望

在本研究基础上，建议后续开展工作。

(1) RMC/CTF 内耦合。本书采用的耦合方式是混合耦合，属于内耦合和外耦合的结合。随着后续对 CTF 的深入剖析，可以进行 RMC 与 CTF

的内耦合研究，即把 RMC 和 CTF 编译为同一个可执行程序，两者完全通过内存进行数据传输。完全内耦合的好处在于：不需要通过预处理器，可以更灵活、准确地传递数据；可以更灵活、有效地管理计算资源，例如能更好地分配 MPI 进程和使任务间的调度更紧凑等。

（2）VERA 基准题 Problem 8～10 的计算。本书完成了 VERA 基准题的 Problem 6 和 Problem 7。该基准题还有 Problem 8～10 尚未完成，分别是启堆模拟、单循环热态燃耗模拟以及两循环换料燃耗模拟。后续研究可以在 Problem 7 的基础上，进行若干功能的完善，包括变功率平衡氙算法和控制棒位的调节等，进而完成 Problem8～10 的模拟。

（3）随机介质功能与蒙卡群常数产生的结合。随机介质输运及燃耗计算功能，可以与蒙卡群常数产生功能相结合，从而产生弥散燃料组件的多群常数，供多群蒙卡或者确定论程序进行堆芯计算。

参考文献

[1] 孙小兵.核电在中国中长期能源供应体系中的作用[J].南方能源建设,2016,3(3):6-15.

[2] 核能行业协会网站.中国核能行业协会发布我国2016年核电运行报告[J].中国核工业,2017,(1):5.

[3] X-5 Monte Carlo Team. MCNP-a general Monte Carlo N-Particle transport code, Version 5 [R]. LA-UR-03-1987, Los Alarmos National Laboretory, Los Alarmos,2003.

[4] Griesheimer D P,Gill D F,Nease B R,et al. MC21 v. 6. 0—A continuous-energy Monte Carlo particle transport code with integrated reactor feedback capabilities [J]. Annals of Nuclear Energy,2015,82: 29-40.

[5] Romano P K,Forget B. The OpenMC Monte Carlo particle transport code[J]. Annals of Nuclear Energy,2013,51: 274-281.

[6] Hugot F X,Lee Y K, Malvagi F. Recent R&D around the Monte Carlo Code TRIPOLI-4 for criticality calculation[C]. Paul Scherrer Institut,Switzerland,2008.

[7] Nagaya Y. MVP/GMVP Ⅱ: general purpose Monte Carlo codes for neutron and photon transport calculations based on continuous energy and multigroup methods [R]. Japan,JAERI,2005.

[8] Shim H J,Han B S,Jung J S,et al. McCARD: Monte Carlo code for advanded reactor design and analysis[J]. Nuclear Engineering & Technology,2012,44(2): 161-176.

[9] Leppänen J. PSG2/Serpent—a continuous-energy Monte Carlo reactor physics burnup calculation code [C]. VTT Technical Research Centre of Finland, Finland,2013.

[10] 李刚,张宝印,邓力,等.蒙特卡罗粒子输运程序JMCT研制[J].强激光与粒子束,2013,25(1):158-162.

[11] 孙光耀,宋婧,郑华庆,等.超级蒙特卡罗计算软件SuperMC2.0中子输运计算校验[J].原子能科学技术,2013,47(b12):520-525.

[12] Wang K,Li Z,She D,et al. RMC-A Monte Carlo code for reactor core analysis [J]. Annals of Nuclear Energy,2015,82: 121-129.

[13] Turinsky P J,Kothe D B. Modeling and simulation challenges pursued by the consortium for Advanced Simulation of Light Water Reactors(CASL)[J]. Journal

of Computational Physics,2016,313: 367-376.

[14] Turner J A, Clarno K, Sieger M, et al. The virtual environment for reactor applications (VERA): Design and architecture[J]. Journal of Computational Physics,2016,326: 544-568.

[15] Min R, Jung Y S, Cho H H, et al. Solution of the BEAVRS benchmark using the nTRACER direct whole core calculation code[J]. Journal of Nuclear Science & Technology,2015,52(7-8): 961-969.

[16] Iii D J K, Kelly A E, Aviles B N, et al. MC21/CTF and VERA multiphysics solutions to VERA core physics benchmark progression problems 6 and 7[J]. Nuclear Engineering & Technology,2017,49(6): 1326-1338.

[17] Ivanov A, Sanchez V, Stieglitz R, et al. High fidelity simulation of conventional and innovative LWR with the coupled Monte-Carlo thermal-hydraulic system MCNP-SUBCHANFLOW [J]. Nuclear Engineering and Design, 2013, 262: 264-275.

[18] Daeubler M, Ivanov A, Sjenitzer B L, et al. High-fidelity coupled Monte Carlo neutron transport and thermal-hydraulic simulations using Serpent 2/SUBCHANFLOW[J]. Annals of Nuclear Energy,2015,83: 352-375.

[19] Liu Z, Chen J, Cao L, et al. Development and verification of the high-fidelity neutronics and thermal-hydraulic coupling code system NECP-X/SUBSC[J]. Progress in Nuclear Energy,2018,103: 114-125.

[20] 刘鹏,史敦福,李康,等. JMCT 与子通道程序耦合方法研究及验证[J]. 强激光与粒子束,2018,30(1): 182-185.

[21] Godfrey A T. VERA core physics benchmark progression problem specifications [R]. Consortium for Advanced Simulation of LWRs, United States,2014.

[22] Horelik N, Herman B R, Forget B, et al. Benchmark for evaluation and validation of reactor simulations (BEAVRS)[C]. International Conference on Mathematics and Computational Methods Applied to Nuclear Science and Engineering, Sun Valley,2013,4: 2986-2999.

[23] Kelly Iii D J, Aviles B N, Herman B R. MC21 analysis of the MIT PWR benchmark: Hot zero power results[C]. American Nuclear Society, LaGrange Park,2013.

[24] Suzuki M, Nauchi Y. Analysis of BEAVRS benchmark problem by using enhanced Monte Carlo code MVP with JENDL-4.0[C]. American Nuclear Society, LaGrange Park,2015.

[25] Park H J, Lee H C, Jin Y C, et al. Real variance estimation of BEAVRS benchmark in McCARD Monte Carlo eigenvalue calculations[C]. American Nuclear Society, LaGrange Park,2015.

[26] Li G, Deng L, Zhang B Y, et al. JMCT Monte Carlo analysis of BEAVRS

benchmark: hot zero power results[J]. Acta Physica Sinica, 2016, 65(5).

[27] Wang Z, Wu B, Hao L, et al. Validation of SuperMC with BEAVRS benchmark at hot zero power condition[J]. Annals of Nuclear Energy, 2018, 111: 709-714.

[28] 唐霄,梁金刚,王侃,等. 基于BEAVRS全堆基准题的RMC临界计算验证[J]. 核动力工程,2014,35(s2): 235-238.

[29] Wan C, Cao L, Wu H, et al. Uncertainty analysis for the assembly and core simulation of BEAVRS at the HZP conditions[J]. Nuclear Engineering and Design, 2017, 315: 11-19.

[30] Kelly D J, Aviles B N, Romano P K, et al. Analysis of select BEAVRS PWR benchmark cycle 1 results using MC21 and OpenMC[C]. JAEA, Japan, 2014.

[31] Leppänen J, Mattila R. Validation of the Serpent-ARES code sequence using the MIT BEAVRS benchmark-HFP conditions and fuel cycle 1 simulations[J]. Annals of Nuclear Energy, 2016, 96: 324-331.

[32] 陈定勇,吴宏春,李云召,等. CASMO-4E/SIMULATE-3程序系统计算BEAVRS基准题[J]. 原子能科学技术,2017,51(3): 457-461.

[33] Gunow G A. LWR fuel reactivity depletion verification using 2D full core MOC and flux map data (Doctoral dissertation, Massachusetts Institute of Technology), 2015.

[34] Brown N R, Ludewig H, Aronson A, et al. Neutronic evaluation of a PWR with fully ceramic microencapsulated fuel. Part I: Lattice benchmarking, cycle length, and reactivity coefficients[J]. Annals of Nuclear Energy, 2013, 62: 538-547.

[35] Hidayatullah R, Hartanto D, Kim Y. A novel research reactor concept based on coated particle fuel[J]. Annals of Nuclear Energy, 2015, 77: 477-486.

[36] Torquato S, Haslach H. Random heterogeneous materials: microstructure and macroscopic properties[J]. Applied Mechanics Reviews, 2002, 55(4): B62-B63.

[37] Hébert A. A collision probability analysis of the double-heterogeneity problem [J]. Nuclear Science and Engineering, 1993, 115(2): 177-184.

[38] 刘庆杰,吴宏春,曹良志. 一维球形裂变系统二元随机介质中子输运数值求解[J]. 核动力工程,2011,32(2): 6-11.

[39] Rütten H J, Haas K A, Brockmann H, et al. VSOP(99/09) computer code system for reactor physics and fuel cycle simulation; Version 2009[R]. IEF-6, Germany, 2009.

[40] Jing X, Xu X, Yang Y, et al. Prediction calculations and experiments for the first criticality of the 10 MW High Temperature Gas-cooled Reactor-Test Module[J]. Nuclear Engineering & Design, 2002, 218(1): 43-49.

[41] Abedi A, Vosoughi N, Ghofrani M B. An exact MCNP modeling of pebble bed reactors[J]. World Academy of Science, Engineering and Technology, 2011, 59(4): 15.

[42] Zhang Z, Wu Z, Sun Y, et al. Design aspects of the Chinese modular high-temperature gas-cooled reactor HTR-PM[J]. Nuclear Engineering & Design, 2006,236(5-6): 485-490.

[43] Kim H C,Song H K,Kim J K. A new strategy to simulate a random geometry in a pebble-bed core with the Monte Carlo code MCNP[J]. Annals of Nuclear Energy,2011,38(9): 1877-1883.

[44] Auwerda G J,Kloosterman J L, Lathouwers D, et al. Effects of random pebble distribution on the multiplication factor in HTR pebble bed reactors[J]. Annals of Nuclear Energy,2010,37(8): 1056-1066.

[45] Brown F B,Martin W R,Ji W, et al. Stochastic geometry and HTGR modeling with MCNP5 [C]. LaGrange Park: American Nuclear Society LaGrange Park,2005.

[46] Obara T,Onoe T. Flattening of burnup reactivity in long-life prismatic HTGR by particle type burnable poisons[J]. Annals of Nuclear Energy, 2013, 57(5): 216-220.

[47] Leppänen J,Dehart M. HTGR Reactor physics and burnup calculations using the Serpent Monte Carlo code[J]. Transactions of the American Nuclear Society, 2009,101: 782-784.

[48] Brown F B, Martin W R. Stochastic geometry capability in MCNP5 for the analysis of particle fuel[J]. Annals of Nuclear Energy,2004,31(17): 2039-2047.

[49] Zimmerman G B,Adams M L. Algorithms for Monte-Carlo particle transport in binary statistical mixtures [R]. Lawrence Livermore National Lab., California,1991.

[50] Isaomurata, Akitotakahashi, Takamasamori, et al. New sampling method in continuous energy Monte Carlo calculation for pebble bed reactors[J]. Journal of Nuclear Science & Technology,1997,34(8): 734-744.

[51] Ji W,Martin W R. Monte Carlo simulation of VHTR particle fuel with chord length sampling[C]. American Nuclear Society,LaGrange Park,2007.

[52] Liang C,Ji W. Optimization of Monte Carlo transport simulations in stochastic media[C]. PHYSOR 2012,Knoxville,2012: 15-20.

[53] Widom B. Random sequential addition of hard spheres to a volume[J]. Journal of Chemical Physics,1966,44(10): 3888-3894.

[54] Li Y,Ji W. A collective dynamics-based method for initial pebble packing in pebble flow simulations[J]. Nuclear Engineering & Design, 2012, 250(3): 229-236.

[55] Ougouag A M,Cogliati J J,Kloosterman J. Methods for modeling the packing of fuel elements in pebble bed reactors[C]. Idaho National Laboratory (INL), Idaho,2005.

[56] Armishaw M, Smith N, Shuttleworth E. Particle packing considerations for pebble bed fuel systems[C]. Tokai-mura, Japan, 2003.
[57] Suikkanen H, Rintala V, Kyrki-Rajamäki R. An approach for detailed reactor physics modelling of randomly packed pebble beds [C]. 5th International Conferenee on High temperature Reactor Technology HTR 2010, Brussels, 2010.
[58] Li Z, Cao L, Wu H, et al. On the improvements in neutronics analysis of the unit cell for the pebble-bed fluoride-salt-cooled high-temperature reactor[J]. Progress in Nuclear Energy, 2016, 93: 287-296.
[59] Li Z, Cao L, Wu H. The impacts of random effect and scattering effects on the neutronics analysis of the PB-FHR[J]. Annals of Nuclear Energy, 2017, 108: 163-171.
[60] Torquato S, Uche O U, Stillinger F H. Random sequential addition of hard spheres in high Euclidean dimensions[J]. Physical Review E Statistical Nonlinear & Soft Matter Physics, 2006, 74(1): 61308.
[61] Dehart M D, Ulses A P. Benchmark specification for HTGR fuel element depletion[R]. Oak Ridge National Laboratory, United States, 2009.
[62] Dehart M, Leppänen J. A comparison of deterministic and Monte Carlo depletion methods for HTGR fuel elements [J]. Transactions of the American Nuclear Society, 2009, 101: 3433-3434.
[63] Fridman E, Shwageraus E. HTGR fuel element depletion benchmark: Stage three results[C]. PHYSOR 2010, Pittsburgh, 2010.
[64] Kim Y, Venneri F. Monte Carlo equilibrium cycle analysis of a deep-burn MHR core charged with diluted-kernel-based Triso fuel [C]. M&C + SNA 2007, Monterey, 2007.
[65] Read E A, Trellue H R, de Oliveira C R. Assessment of three-dimensional Monte Carlo burnup for gas cooled reactors using the reactivity equivalent physical transformation method[C]. M&C 2011, Rio de Janeiro, 2011.
[66] Kim Y, Park W S. Reactivity-equivalent physical transformation for elimination of double-heterogeneity[J]. Transactions of the American Nuclear Society, 2005, 93: 959-960.
[67] Trumbull T H. Treatment of nuclear data for transport problems containing detailed temperature distributions [J]. Office of Scientific & Technical Information Technical Reports, 2006, 156(1): 75-86.
[68] Cullen D E, Weisbin C R. Exact Doppler broadening of tabulated cross sections [J]. Nuclear Science & Engineering, 1976, 60: 199-229.
[69] Forget B, Xu S, Smith K. Direct Doppler broadening in Monte Carlo simulations using the multipole representation[J]. Annals of Nuclear Energy, 2014, 64(64): 78-85.

[70] Josey C,Ducru P,Forget B,et al. Windowed multipole for cross section Doppler broadening[J]. Journal of Computational Physics,2016,307: 715-727.

[71] Becker B, Dagan R, Broeders C H M, et al. An alternative stochastic doppler broadening algorithm[C]. American Nuclear Society,LaGrange Park,2009.

[72] 杨烽,梁金刚,余纲林,等. 基于随机抽样的在线多普勒展宽研究[J]. 核动力工程,2014,s2: 224-227.

[73] Viitanen T, Leppänen J. Explicit treatment of thermal motion in continuous-energy Monte Carlo tracking routines[J]. Nuclear Science and Engineering,2012,171(2): 165-173.

[74] Viitanen T, Leppänen J. Effect of the target motion sampling temperature treatment method on the statistics and performance [J]. Annals of Nuclear Energy,2015,82: 217-225.

[75] Viitanen T,Leppänen J,Forget B. Target motion sampling temperature treatment technique with track-length estimators in OpenMC. Preliminary results [C]. PHYSOR 2014,Kyoto,2014.

[76] Dean C,Perry R, Neal R, et al. Validation of run-time Doppler broadening in MONK with JEFF3. 1[J]. Journal-Korean Physical Society,2011,59(23): 1162.

[77] Romano P K,Trumbull T H. Comparison of algorithms for Doppler broadening pointwise tabulated cross sections [J]. Annals of Nuclear Energy, 2015, 75: 358-364.

[78] Yesilyurt G,Martin W R,Brown F B. On-the-fly Doppler broadening for Monte Carlo codes [J]. Nuclear Science & Engineering the Journal of the American Nuclear Society,2012,171(3): 239-257.

[79] 贺清明,曹良志,吴宏春,等. 在 MCNP 中考虑共振弹性散射的修正方法[J]. 原子能科学技术,2014,48(12): 2309-2314.

[80] Walsh J A,Forget B,Smith K S,et al. Direct,on-the-fly calculation of unresolved resonance region cross sections in Monte Carlo simulations[C]. Proc,Joint Int. Conf. on M&C,SNA and the MC Method,Nashville,2015.

[81] Brown F B. The makxsf code with Doppler broadening[R]. Los Alamos National Laboratory,Los Alamos,2006.

[82] Salko R K,Schmidt R C,Avramova M N. Optimization and parallelization of the thermal-hydraulic subchannel code CTF for high-fidelity multi-physics applications[J]. Annals of Nuclear Energy,2014,84(3): 122-130.

[83] Bennett A,Avramova M,Ivanov K. Coupled MCNP6/CTF code: Development, testing,and application[J]. Annals of Nuclear Energy,2016,96: 1-11.

[84] 梁金刚. 反应堆蒙卡程序 RMC 大规模计算数据并行方法研究[D]. 北京: 清华大学,2015.

[85] Yang F,Yu G, Wang K, et al. Research and implementation of hybrid parallel

algorithm in Monte Carlo criticality and burnup calculation[C]. American Nuclear Society, LaGrange Park, 2016.

[86] She D, Liang J, Wang K, et al. 2D full-core Monte Carlo pin-by-pin burnup calculations with the RMC code[J]. Annals of Nuclear Energy, 2014, 64(64): 201-205.

[87] Liu H, Ge P, Yu S, et al. Data decomposition method for full-core Monte Carlo transport-burnup calculation [J]. Nuclear Science and Techniques, 2018, 29 (2): 20.

[88] Chen Z, Yu G, Liang J, et al. Implementation of inline equilibrium Xenon method in RMC code[C]. American Nuclear Society, LaGrange Park, 2015.

[89] She D, Liu Y, Wang K, et al. Development of burnup methods and capabilities in Monte Carlo code RMC[J]. Annals of Nuclear Energy, 2013, 51: 289-294.

[90] Hoogenboom J E, Martin W R, Petrovic B. The Monte Carlo performance benchmark test-aims, specifications and first results[C]. International Conference on Mathematics and Computational Methods Applied to Nuclear Science and Engineering (M&C 2011), Rio de Janeiro: 2011.

[91] Leppänen J. Randomly dispersed particle fuel model in the PSG Monte Carlo neutron transport code[C]. American Nuclear Society, LaGrange Park, 2007.

[92] Li Z, Wang K, Deng J. Perturbation based Monte Carlo criticality search in density, enrichment and concentration[J]. Annals of Nuclear Energy, 2015, 76: 350-356.

[93] She D, Xie F, Li F, et al. Explicit modelling of double-heterogeneous pebble-bed reactors with the RMC code[C]. M and C+SNA+MC 2015, Nashville, 2015.

[94] Jing X, Xu X, Yang Y, et al. Prediction calculations and experiments for the first criticality of the 10 MW High Temperature Gas-cooled Reactor-Test Module[J]. Nuclear Engineering & Design, 2002, 218(1): 43-49.

在学期间发表的学术论文

发表的学术论文

[1] **Liu S**, Peng X, Josey C, et al., Generation of the windowed multipole resonance data using Vector Fitting technique[J]. Annals of Nuclear Energy, 2018, 112 (Supplement C): 30-41. (SCI 收录,检索号: 000419409100004)

[2] **Liu S**, Yuan Y, Yu J, et al., On-the-fly treatment of temperature dependent cross sections in the unresolved resonance region in RMC code[J]. Annals of Nuclear Energy, 2018, 111: 234-241. (SCI 收录,检索号: 000413877800021)

[3] **Liu S**, Li Z, Wang K, et al. Random geometry capability in RMC code for explicit analysis of polytype particle/pebble and applications to HTR-10 benchmark[J]. Annals of Nuclear Energy, 2018, 111: 41-49. (SCI 收录, 检索号: 000413877800005)

[4] **Liu S**, Liang J, Wu Q, et al. BEAVRS full core burnup calculation in hot full power condition by RMC code[J]. Annals of Nuclear Energy, 2017, 101: 434-446. (SCI 收录,检索号: 000392767800046)

[5] **Liu S**, Yuan Y, Yu J, et al. Reaction rate tally and depletion calculation with on-the-fly temperature treatment[J]. Annals of Nuclear Energy, 2016, 92: 277-283. (SCI 收录,检索号: 000373655600026)

[6] **Liu S**, She D, Liang J, et al. Depletion benchmarks calculation of random media using explicit modeling approach of RMC[J]. Annals of Nuclear Energy, 2016, 87: 167-175. (SCI 收录,检索号: 000367697800020)

[7] **Liu S**, Yuan Y, Yu J, et al. Development of on-the-fly temperature-dependent cross-sections treatment in RMC code[J]. Annals of Nuclear Energy, 2016, 94: 144-149. (SCI 收录,检索号: 000377231600018)

[8] **Liu S**, Wang G, Liang J, et al. Burnup-dependent core neutronics analysis of plate-type research reactor using deterministic and stochastic methods[J]. Annals of Nuclear Energy, 2015, 85: 830-836. (SCI 收录,检索号: 000361413800089)

[9] **Liu S**, She D, Liang J, et al. Development of random geometry capability in RMC code for stochastic media analysis[J]. Annals of Nuclear Energy, 2015, 85: 903-908. (SCI 收录,检索号: 000361413800097)

[10] **Liu S**, Wang G, Wu G, et al. Neutronics comparative analysis of plate-type research reactor using deterministic and stochastic methods[J]. Annals of Nuclear

Energy，2015，79：133-142.（SCI 收录，检索号：000350940700016）

[11] Wang K，**Liu S**，Li Z，et al. Analysis of BEAVRS two-cycle benchmark using RMC based on full core detailed model[J]. Progress in Nuclear Energy，2017，98：301-312.（SCI 收录，检索号：000401384300030）

[12] **Liu S**，Li Z，Cheng Q，et al. Development of random geometry capability in RMC code for explicit analysis of polytype particle/pebble [C]. American Nuclear Society，Las Vegas，2016.（EI 收录，检索号：20173104001694）

[13] **Liu S**，Liang J，Wang K，et al. Benchmark calculations of the MHTGR-350 MW core using explicit modeling approach of RMC[C]. American Nuclear Society，Sun Valley，2016.（EI 收录，检索号：20164302951960）

[14] **Liu S**，Qiu Y，Wang K，et al. Comparisons of 3D heterogeneous PWR full-core transport calculations by RMC and the SN DOMINO solver from COCAGNE platform using multi-group cross-sections [C]. American Nuclear Society，Nashville，2015.（EI 收录，检索号：20155101679933）

[15] **Liu S**，She D，Liang J，et al. Implementation of explicit modeling approach in RMC code for stochastic media analysis[C]. American Nuclear Society，San Antonio，2015.（EI 收录，检索号：20164002867230）

[16] **Liu S**，Li Z，Wang K. Study of neutronic-thermohydraulic coupled calculation of SCWR [C]. American Nuclear Society，Reno，2014.（EI 收录，检索号：20143117999974）

[17] **刘仕倡**，蔡杰进. 超临界水堆铀钍混合燃料组件中子学特性分析[J]. 核科学与工程，2015，(3)：546-554.（核心期刊）

[18] **Liu S**，Yuan Y，Yu J，Wang K. Development of the new Gauss-Hermite quadrature method for on-the-fly Doppler broadening in Monte Carlo code RMC [C]. Reactor Physics Asia 2017 (RPHA17)，Chengdu，2017.（亚洲反应堆物理会最佳论文奖）

[19] **Liu S**，She D，Liang J，et al. Study of the transport and burnup calculation of random media with RMC[C]. 核反应堆系统设计技术重点实验室 2015 年学术年会，成都，2015.（核反应堆系统设计技术国家级重点实验室 2015 年学术年会二等奖）

[20] Guo J，**Liu S**，Shang X，et al. Coupled neutronics/thermal-hydraulics analysis of a full PWR core using RMC and CTF[J]. Annals of Nuclear Energy，2017，109：327-336.（SCI 收录，检索号：000418211500034）

[21] Guo J，**Liu S**，Shang X，et al. Versatility and stabilization improvements of full core neutronics/thermal-hydraulics coupling between RMC and CTF[J]. Nuclear Engineering and Design，2018，332：88-98.（SCI 源刊）

[22] Yuan Y，**Liu S**，Qi X，et al. Dynamic simulation with on the fly doppler broadening treatment in RMC[C]. American Nuclear Society，Las Vegas，2016，115：1097-

1100.(EI 收录,检索号: 20174604385063)

[23] Guo J,**Liu S**,Shang X,et al. Neutronics/thermal-hydraulics coupling with RMC and CTF for BEAVRS benchmark calculation[C]. American Nuclear Society,Las Vegas,2016.(EI 收录,检索号: 20174604384887)

[24] Wu Q,**Liu S**,Guo J,et al. Application of variance reduction techniques in RMC Burnup and thermal-hydraulic coupled calculation[C]. American Nuclear Society, Las Vegas,2016.(EI 收录,检索号: 20174604384871)

[25] Yuan Y,**Liu S**,Yu J,et al. On-the-fly doppler broadening with probability table interpolation for unresolved resonance region in RMC[C]. American Nuclear Society,Las Vegas,2016.(EI 收录,检索号: 20174604384889)

[26] Peng X,Ducru P,**Liu S**,et al. Converting point-wise nuclear cross sections to pole representation using regularized vector fitting [J]. Computer Physics Communications,2017,224: 52-62.(SCI 收录,检索号: 000424726700004)

[27] Xu W,Cai J,**Liu S**,et al. Analysis of the influences of thermal correlations on neutronic-thermohydraulic coupling calculation of SCWR[J]. Nuclear Engineering and Design,2015,284: 50-59.(SCI 收录,检索号: 000351966800006)

[28] Wang K,Liang J,**Liu S**,et al. Recent advancements of reactor Monte Carlo code RMC. American Nuclear Society, Sun Valley, 2016.(EI 收录,检索号: 20164302951758)

致　谢

衷心感谢导师王侃教授对本人五年以来的悉心教导，王老师的言传身教使我受益终身。

感谢清华大学工程物理系余纲林老师、黄善仿老师、施工老师，核能与新能源技术研究院的李泽光、佘顶老师，以及 REAL 团队所有同学的热心帮助与支持。

美国麻省理工学院核科学与工程系六个月的合作研究期间，承蒙合作导师 Benoit Forget 和 Kord Smith 以及梁金刚博士的热心指导和帮助，不胜感激。

感谢我的父母、妻子、家人以及朋友对我的关心和照顾。

本研究承蒙国家自然科学基金(11475098/11605101)、科学挑战专题资助(Supported by Science Challenge Project，T22018001)以及核反应堆系统设计技术重点实验室基金资助，特此致谢。